2018 年度河北省社会科学基金项目“依托冀域传统文化打造水岸民俗特色小镇研究”

课题编号：HB18YS049

冀域空间环境再生营造

赵 琳 著

燕山大学出版社

·秦皇岛·

图书在版编目（CIP）数据

冀域空间环境再生营造 / 赵琳著 . —秦皇岛 : 燕山大学出版社， 2022.12
ISBN 978-7-5761-0359-5

Ⅰ . ①冀… Ⅱ . ①赵… Ⅲ . ①工业－景观－景观设计－河北 Ⅳ . ① TU982.222

中国版本图书馆 CIP 数据核字（2022）第 077948 号

冀域空间环境再生营造

赵　琳 著

出 版 人：陈　玉
责任编辑：刘馨泽　　策划编辑：刘韦希
责任印制：吴　波　　封面设计：盖鸿章
出版发行：燕山大学出版社 YANSHAN UNIVERSITY PRESS　　电　　话：0335-8387555
地　　址：河北省秦皇岛市河北大街西段 438 号　　邮政编码：066004
印　　刷：英格拉姆印刷(固安)有限公司　　经　　销：全国新华书店

开　　本：170mm×240mm　1/16　　印　　张：9.75
版　　次：2022 年 12 月第 1 版　　印　　次：2022 年 12 月第 1 次印刷
书　　号：ISBN 978-7-5761-0359-5　　字　　数：143 千字
定　　价：42.00 元

前　言

受到近代社会历史发展不均衡的影响，我国近代的工业没有因为第一次世界范围内的工业革命的发生而得以发展。我国的工业历史悠久，初期表现为手工制造业的发展，总体来说近代工业发展起步晚。我国城市在 20 世纪 90 年代的发展特点为在原有城市基础上的更新再开发，在此背景下，工业遗产的更新再利用实践发展自然而然地成为城市建设的一部分，也是城市建筑遗产再利用的重要组成部分。这最初起源于产业升级转型过程中，城市中大量建设于近代或新中国成立初期的传统工业日渐衰退。由此而遗留下的各类工业遗产以及工业历史地段逐渐与城市发展产生了各类矛盾，传统工业城市以及新中国成立后形成的老工业基地中这种矛盾性凸显，成为制约城市、经济、社会和文化发展的主要问题。产业结构的调整与土地政策的变化推动了城市功能的地域转换，旧工业区开始面临升级压力，许多传统工业基地发生了结构性衰退，大量企业从城市中迁出以配合第三产业在城市中心区域的兴起。部分旧工业区内出现局部的产业空洞化问题，在工业用地使用效率不断下降的情况下，大量空置厂房或工业建筑出现。这些因产业结构调整、企业破产、搬迁而产生的闲置或废弃的工业用地，是见证我国工业文明发展的重要载体，记录着我国工业发展的历史信息，具有重要的历史和社会文化价值。

伴随着城市社会经济发展步入产业布局、类型和结构的重组与调整阶段，部分企业出于经济目的对落后淘汰而被大量废弃的产业类建筑进行再利用实践，同时随着世界范围内兴起的后工业再利用浪潮进入我国，部分艺术家和从事建筑更新领域的当代建筑师以现代主义设计手法对工业遗产进行了更新实践，此后随着社会各界对于工业遗产的价值的认知与重视，尤其是 2006 年 4 月 18 日无锡举办了以“工业遗产”为主题的第一届“中国工业遗产保护论坛”之后，并随着国家文物局《关于加强工业遗产保护的通知》的出台，工业遗产再利用实践进入新的阶段，成为当前建筑更新领域发展迅速的先锋军。

随着国家战略方针的落实，京津冀协同发展取得了重大成效。从区域性的视角出发探讨工业遗产的保护、更新和利用，协同区域性联动建设的发展和有效落实，具有巨大挑战。从工业遗产更新现状看，根据《中国工业遗产保护名录（第一批）》《中国工业遗产保护名录（第二批）》《第七批全国重点文物保护单位》等文件中所列工业遗产中筛选出京津冀三地的名录，甄别并整理京津冀区域工业遗产保护更新案例，共计 51 处工业遗产，5 处未明确更新功能，已明确的案例达 46 处，其中北京 23 处，占比 50%；天津 10 处，占比 22%；河北省 13 处，占比 28%。类型上包括创意产业、景观旅游、商业办公、科研办公、传媒艺术、博物展览，很多工业遗产更新的功能类型比较多样，呈现出综合功能一体化的趋势，例如，北京 798 艺术区，作为全国示范性的工业遗产保护更新范例，不仅仅涵盖创意产业，同时兼具博物展览、传媒艺术、商业办公等功能。但整体上看，京津冀三地工业遗存数量和更新类型均有较大差距，这与地区的经济水平、产业发展和更新理念有密切关系。

经济与文化建设相辅相成，北京的文化多元化和融合度要远远高于天津和河北省，这就造成了工业遗产保护利用的理念不同步。一方面，许多地方政府和大众只看到了工业遗产的物质层面，但对于其文化层面的理解和关注则比较欠缺，对工业遗产主观印象的否定，导致大量工业遗产遭到拆除。另一方面，对自身的定位不准确，理念偏差，有的效仿国外或国内成功经验，不顾自身条件，盲目开发；有的工业遗产被过度商业化，失去了保护更新的初衷；有的因客观上经济发展条件限制，主观上理念缺位，导致保护更新类型少之又少，例如，天津拥有百年工业文化历史，大量的工业遗产待更新再利用，其更新类型应符合城市定位向着更加多样化和多元化的方向发展。

工业遗产“建筑特色鲜明，寄托着人们的特殊文化情感和怀旧情结，兼具社会文化价值和历史研究价值”。工业遗产的更新再利用，通过发掘历史地理文脉、古建筑特色和非物质文化遗产特色进行文化和商业营销，形成创意产业园，这种较成熟案例在上海、北京等地比比皆是，归结其原因在于：注重地域文化脉络与经济发展水平相互的协调性，完备的前期可行性研究工作和准确的创意定位。京津冀地区以北京创意产业园的数量居首，且开发较早，如北京798艺术区、768创意园以及国棉文化创意产业园等；天津紧随其后，数量逐年增多，如棉三、巷肆创意产业园等；河北省主要以唐山为主，如启新1889文化创意产业园，其他城市几乎没有。京津冀创业产业园区域联动应遵循原有工业遗产的特色，统筹谋划，结合当地的经济发展水平与大众的消费水平，以本地区特色文化底蕴为支撑，在北京和天津的资源、文化产业的带动下，重点扶持河北省的创意产业聚集区，形成多层次梯度的创意产业园。在京津冀一体化大背景下，如何缩短河北省与北京、天津之间的差距，促进与京津地区的协同发展，已经成为当前河北省发展的首要问题。而加快河北省工业遗产改造的步伐，真正提升改造质量和利用方式，对于河北省工业遗产保护与再利用以及与京津工业遗产旅游接轨都具有重大意义。

目 录

第一章　空间再生的历程

一、城市化历程

城市化是工业革命的产物，通过城市化的过程，农业地区、农业人口、农业经济、农业生产关系和生产方式都逐一转变，成为城市运转过程中的组成部分，城市化有两层含义，一方面是人口的城市化，另一方面是土地的城市化。城市化进程是经济要素、产业要素、人口要素转移的过程，社会结构发生变迁，其空间表现为城市范围内，建成区土地空间不断扩张，土地得到最高效率的利用，土地集约水平明显提高。我国城市化整体宏观发展历程的划分上，现在较为普遍的观点是以党的十一届三中全会的召开为分水岭进行研究，其中新中国成立之后至党的十一届三中全会召开（1949—1978 年），城市化发展受到计划经济体制的影响，1979 年之后城市化的发展特点则更多体现了经济体制由计划经济转为市场经济的影响。如果对 1979 年之后的城市化过程进行归纳，则体现为三个不同发展特点的阶段：1979—1984 年的城乡共同发展时期；1984—1991 年的农村城市化速度加快，通过改革开放沿海城市取得大发展的时期；1992 年之后，全面对外开放促使工业化对城市发展起到更加强的带动作用。中国城市化可分为四个时期：围绕工业化来建设生产型城市时期（1949—1978 年），通过城市体制改革拉动城市发展时期（1979—1990 年），城市外部扩张和内部重组加速时期（1991—1999 年），以及目前的城乡统筹发展时期。以改革开放的 1978 年为分水岭，中国的城市化发展历程可分为 1978 年以前的曲折发展时期和 1978 年以后的健康发展时期，并将 1978 年之后的发展时期继续划分为1978年到2002年的快速发展时期和2003年以后的科学发展时期。

二、城市更新历程

针对我国城市更新的不同发展阶段，目前我国大量学者从不同的角度，包括对其缘起及发展趋势进行了丰富的研究，并结合城市更新的背景，更加关注了对历史文化遗产的保护，城市更新宏观上可总结为工业化时期的城市更新与后工业化时期的城市更新。国内的城市更新经历了三个时期，分别是新中国成立之初到1978年的计划经济早期发展阶段，城市中的生产性建设是建设的重点，旧城改造需要解决市政设施规划不足的问题，旧城区棚户区改造与危房腾迁的问题，处理城市发展过程中历史遗留的城市问题；计划经济后期（20世纪70年代后期至改革开放）城市更新的主要问题是利用旧城区改造解决居民住宅短缺的情况，由于对旧城区建设监管力度不够，管理手段不完善，文物古迹被破坏，加剧了旧城区环境的恶化；改革开放之后，土地资源开始随着市场经济制度的建立进行配置，不再仅是原来的划拨使用，服务业的发展带动了城市经济结构的转变，但老城区建设用地难以满足开发的需求，在此背景下，旧城区获得了改造的机会与动力。

三、建筑更新历程

新中国成立以后，我国建筑更新领域经历了20世纪50—70年代，20世纪80—90年代，2000年至今三个大的发展历程，具体发展态势如下。

20世纪50年代出于节约的目的开始的利用旧城、旧建筑的提案，当时著名的更新改造案例有：上海市人委礼堂改建、南通市人民剧场改建、上海跑马总会改建为医院等，但总的来说效果不如人意。20世纪80年代随着城市功能的转变，历史街区及历史城区面临着保护危机，为了延续历史文脉，1982年印发的第一版《中华人民共和国文物保护法》中第一次提出了“历史文化名城”的概念，建立了历史文化名城保护体系，但在城市化大踏步前进的步伐面前，历史建筑仍是一片片被推倒，开发与保护之间的矛盾日益尖锐，工业遗产“保护”和“开发”的话题仍是争议的焦点。为避免历史文化名城概念过于空泛，使其保护体系更具有实际操作性，1986 年在《建设部、文化部关于请公布第二批国家历史文化名城名单报告》中专门提出了“历史文化保护区”的建议，自此正式出现了“历史街区保护”的概念，并在 2002 年 10 月修订的《中华人民共和国文物保护法》中有所体现。根据文物保护法的规定，县级以上人民政府应当组织编制针对城市、街区和村镇的相关保护规划。

尽管提出了各种保护的概念与法规，但是由于 20 世纪 80—90 年代这一时期，我国的国民经济实力仍然有限，这一阶段的建筑更新改造策略与之前比起来并没有太大提升，降低造价、节约成本，实现新功能仍是城市更新改造的出发点。通过对建筑“修修补补”式的更新改造，满足在经济窘迫下建筑功能的新需求，但对建筑历史文化价值重视不足，忽略了对建筑本体的保护。同时对建筑改造前的形式或空间没有详细的图文介绍，往往是一笔带过，也体现出建筑师的关注点在于“新”的功能而忽略了“旧”的存在。20 世纪 90 年代中期，西方的“适应性再利用”理念被引入学术研究领域，在 1996 年的“历史街区保护国际研讨会”上，将这一思想应用于历史街区的更新，而更新再利用中兼顾保护成为学术研究中连接保护与开发的纽带。2000 年之后，更新与保护并重成为建筑更新领域的特点。2004 年开始，建筑学术界对产业类建筑更新的关注力度不断加大。城市建筑更新再利用也呈现出蓬勃发展的良好态势，成为城市建设中重点考虑内容。

四、工业遗产再利用总体发展历程

工业遗产再利用实践分不同的历史阶段研究，有利于认识和把握我国工业遗产再利用的发展历程，发现其中存在的问题，探究其本身所处的历史定位，更好地推进工业遗产再利用实践工作。早期由于我国发展不平衡的特点，工业化与工业发展的体现基本上只是以城市为主，并且二者的发展不同步，例如我国东北的老工业基地在 20 世纪 50 年代中期工业占比就达到了 50% 以上，但也并非彼时就已经进入了工业化中期，因此也造成了我国工业发展初期、中期与后期分界不明显的特点。而在工业遗产再利用的历史阶段划分上亦是如此，因此在研究中主要以政策及相关传导机制为出发点，结合城市更新的发展背景，对工业遗产 20 余年来的再利用发展分为不同的历史阶段进行研究。

纵观我国的工业遗产再利用发展历程，可以看出，对工业遗产再利用的实践与研究是从城市设计的中观层面上发展起来的，这也奠定了工业遗产活化再利用与城市设计、建筑设计之间的联系与渊源，并影响到工业遗产活化再利用在理论研究层面的发展，在旧城改造、城市更新研究领域可以找到其理论研究分支，从历史文化遗产保护理论研究的范畴内也可以有贴切的研究命题，尽管工业遗产活化再利用的历程与旧城改造、城市更新、历史文化遗产保护等命题相关，但又因其独特性不能完全沿用这些研究。工业建筑遗产再利用发展的历程较短，发展及分布的规律也比较明显。工业遗产的再利用从零星研究初步探索到初具规模与组织，研究再利用的视点也从仅仅关注工业遗产建筑物的功能的再利用，向更为综合、多元化的视角扩展，同时工业建筑遗产再利用，产业地段更新从仅具备单一性进入综合关注城市产业结构调整的有机更新这一全面深入发展阶段。

通过总结 1994—2014 年的 20 年间我国工业遗产每年的案例数量分布不难看出，工业遗产再利用的案例数量呈现出逐年上升的特点。特别是在几个时间节点呈现出了跳跃式的增长。工业遗产再利用实践自 20 世纪 90 年代末期发展，迅速以渐进、数量增长的方式发展，在较短的时间内出现了大量的工业遗产再利用实践案例。如前文所述，当前对我国工业遗产再利用不同理论发展阶段时间划分的研究成果较少。2001 年 12 月 20 日，由国务院办公厅，国家计委共同颁布的国发办〔2001〕98 号《国务院办公厅转发国家计委关于“十五”期间加快发展服务业若干政策措施意见的通知》及《“十五”期间加快发展服务业若干政策措施的意见》，在宏观政策支持下，拉开了我国城市“退二进三”的序幕。城市中原有的工业所属划拨土地开始通过置换，实现功能性调整。2006 年在无锡由中国古迹遗址保护理事会起草并发布了《无锡建议》，首次在我国以官方形式提出且明确了对工业遗产的保护与重视。

第二章　工业遗产的再利用阶段

一、工业遗产再利用的探索阶段

探索阶段社会背景与效应。1984年中国开始全面推动经济体制的改革。1992年邓小平同志发表南方谈话，同年10月中共十四大在北京召开，改革开放和我国城市的现代化建设进入了一个新阶段。中央政府充分肯定了在区域经济发展中城市核心地位的体现，城市的基础设施建设及城市基本功能的完善受到重视，不同主题导向下的城市发展战略层出不穷，如老城区改造、经济开发区建设、国际性大都市建设等。随着全面深化改革开放，市场经济建设成为经济社会建设的重点，资源配置的主要手段逐渐从行政调控向市场配置转变，城市化发展在市场化改革的强劲推动下一路前行。十四大召开后的十年时间里，全国地级以上城市的土地城市化与人口城市化水平增速显著，城市的城区面积不断向外延扩展，人口宜居环境不断提高，逐步形成功能合理、规划完整的城市建设风貌。此外，在1990—1994年，东部沿海地区因大量外资引入、房地产开发热潮、经济技术开发等多方因素促进了东部地区的城市化发展进程，体现了极高的发展速度。华北平原、长江三角洲和珠江三角洲地区，自然地理条件优越，城市化达到较高程度，城市建成区人口密度大幅度提高，城市中建筑面积不断增大，市政及基础设施发展水平良好，后续发展动力充沛。1995—1999年，国家宏观调控政策发生转变，通过西部大开发战略的实施，受到区域城镇建设用地基数较小、区域城市扩展有巨大的弹性空间等因素的影响，这一时期，东部地区城市化增速被西部地区超过，例如四川地区的城市化增速接近20%。

这一时期，政府的相关城市及产业发展政策主导了城市建设用地的空间分布格局，城市建设用地逐年大幅增长。市场经济体制取代原有的计划经济体制成为20世纪90年代最显著的特征。经济结构转型初期，经济发展水平保持了较强的增速，带动了原有土地利用类型的结构转变，并且呈现出明显的经济与区域发展差异。自此之后，科技革命和全球化加速使我国工业得到长足发展，但随之而来的资源消耗、环境污染、产出比过低等问题日益突出，而我国多数的城市因工业而兴，但从20世纪90年代开始，随着产业重构、土地改革和住房私有化等趋势，城市更新的理念逐步进入我国，西方的后工业文明也在对外交流的过程中进入：信息技术、生物技术等新的科技文明成果的工业生产模式在产业结构中所占的比重升高，促进了工业化的转型升级，而信息技术等高新科学工业技术的介入也使服务业在经济中的占比逐渐突出，类似西方的大规模的城市更新项目开始在我国出现。

探索阶段再利用类型及总体分布特征。通过统计分析探索阶段的工业遗产再利用属性与特点可以发现，这一时期改造的工业遗产点建造时间集中在新中国成立之后。目前有4处属于新中国成立之前的工业遗产，但其中天津北洋水师大沽船坞利用厂内旧址改造而成的天津北洋水师遗址纪念馆所利用的并非新中国成立之前的旧址。另外12处所利用的都是新中国成立之后的工业遗产，不具备文物身份，属于一般性工业遗产。

从产业类型来看，探索阶段得到实施再利用的工业遗产类型有制造业、电力燃气及水的供应业、建筑业三大类，其中以制造业工业遗产所占比例最高为88%，其他两类比例均为6%。城市公共空间、最后是居住空间、与新兴产业结合、博物展览、教育建筑、除新兴产业之外的第三产业、延续原有功能改扩建等成为遗产再利用后的主要功能类型。其中以与新兴产业结合和除新兴产业之外的第三产业两类数量最多，其次是城市公共空间，最后是居住空间、延续原有功能改扩建、博物展览、教育建筑。从案例的年代分布来看，在这一发展阶段，以1999年、2000年的案例数量最多，再利用的案例集中分布于北京、上海、广东、天津4地。其中北京8处，上海5处，广东2处，天津1处。最早出现的案例是利用原北京手表厂改建而成的北京双安商场，该项目属于城市发展过程中的城市更新项目，在改造设计中按照一般的民用建筑来进行了设计和功能的更新，属于企业自身以经济目的为出发点的更新再利用。其后出现的牡丹园小区、官园批发市场也属于这一类型。也是在这个过程中，孕育了798艺术区，1995年中央美术学院雕塑系租用706厂仓库用于制作大型雕塑作品《卢沟桥抗日群像》，开了798从工业遗产到创意文化艺术区之先河。此后，大批艺术家和文化创作者受建筑形态和低廉租金的吸引，到798进行艺术创作工作并居住。之后上海也出现了M50创意园，与798相似，M50也是随着艺术家的入驻而开始了成为创意产业园区的全新历程。广东中山岐江公园则是利用倒闭后的粤中造船厂旧址及厂区遗存的工业特色遗留物进行的景观设计及改造。

1984—2001年期间，尽管我国的工业化仍处于一个力度大、影响面广的阶段，但在经济发展迅速的城市中，部分工业已经逐渐进入了转型和衰败期。面临停业转产或是倒闭拆除的都是一些传统工业的工厂，所处区位多位于城市快速发展区域，多数难逃被拆除的命运。通过前文的案例回顾可以看出，进行了更新再利用的16处工业遗产再利用案例中，有75%都是在原有的国营工业企业破产、转产或是搬迁之后遗留的厂房基础上进行的更新再利用。探索阶段的工业遗产再利用案例数量少，更新再利用之后的功能转换用途的尝试有限，但为之后的工业遗产再利用发展奠定了基础，并且吸引了学者对其进行研究，如从景观设计与景观更新改造的角度对工业遗产，尤其是城市滨水区的工业遗产进行改造在这一时期取得了较之其他方面更大的进展，取得了一定的研究成果与实践进展。

还有城市的港口或是公共空间，滨水空间起着贸易枢纽、军事要塞、城市生活等混合的空间作用，进入工业化时代后，滨水空间更多地承担了交通运输以及为工业供水与排水的功能，城市滨水地区聚集的工业遗产存在着大量的仓库、厂房、设备、船坞、码头等建筑与构筑物，并有与之配套服务的构筑设施及装卸设备，这些物质要素共同形成了城市滨水工业区不同于其他区域的特色景观。这些工业遗产不仅反映了城市特定时期的历史特征，也反映了工业化的历程，具有很高的历史与美学价值。例如在利用原粤中造船厂更新设计而成的中山岐江公园，俞孔坚教授及北京土人景观规划设计研究所保留了原来船厂的废旧设备和周围的自然植被，运用现代的设计手法延续城市的本身风格，展现城市工业生产的历程，充分利用当地自然资源以及原有产业用地的再生，形成了为城市与市民服务的主题公园。这种利用工业景观文化形成的城市记忆载体，保留了原有的工业遗产物质与非物质元素，更加重视不同时代建筑物、构筑物、建筑设备、时代标语对场所氛围的渲染塑造。通过并置不同的形式与元素，重塑场所精神，对促进工业文脉延续有很大益处。中山岐江公园工业遗产更新为城市公共空间的模式进行了重要铺垫，这种景观化改造的手法对后来的更新实践产生了很大的影响。

早期建设的工业区逐渐被快速的城市发展所包围，但是由于正处在发展经济的阶段，城市建设者尚未意识到对这些工业遗产保护再利用的重要性，仅有部分企业和个人在自发的情况下对工业遗产进行了再利用，如前文提到的北京一些老的国营厂房的商业改造、798 艺术区的形成等类型更新与再利用多是所有者或是使用者基于经济或是使用的出发点自发形成的。一方面，这形成了一批关注工业遗产保护与更新的学者与设计师，同时也将工业遗产的概念逐步引入公众视野；另一方面，由于在政府方面和相关部门仍缺乏对工业遗产充分的认识，在开发过程中欠缺统一的管理与引导理念，形成“各自为战”的局面，对工业遗产再利用的着眼点也主要集中于建筑本身的艺术、历史与经济价值。

二、工业遗产再利用的发展阶段

快速城市化让城市的面貌更新发展，城市精神和城市物质层面也出现一定改变。错综复杂的路网，现代风格的摩天楼，大面积的广场和有秩序的绿化景观取代了传统的工业城市形象，城市文脉似乎无法使工业文明延续，致使工业建筑的保护与利用在现代城市中变得突兀。但也正是在这个阶段，工业遗产更新再利用实践活动在发展阶段呈现出案例直线上升的趋势，并保持了稳定的实践关注度，创意产业园区成为这一时期的热点，房地产商也开始从地产开发角度关注了工业遗产的再利用，同时还出现了以大地景观为主的矿山公园。

2002—2006 年间，我国处于一轮高速的经济增长中，根据《中国统计年鉴（2008）》统计，这一时期的城市化年均增长率达到 1.64%，城市的高速发展呈现出势不可当的态势。高速的城市化对资源的优化配置、产业结构的升级以及社会和经济的发展等诸多方面均产生了重要的作用，这一阶段城市建设呈现出旧城区的改造与开发区的新建并行的趋势，城市化逐渐由单一量的扩张向量与质共重的阶段过渡。

国外和国内出现了一系列对工业遗产再利用有深远意义的宪章与事件。国际上影响较大的事件主要体现为 2003 年 7 月国际工业遗产保护协会 TICCIH 起草并获得联合国教科文组织批准了《下塔吉尔宪章》，宪章明确并阐述了工业遗产的定义。2006 年 4 月，由中国古迹遗址保护理事会起草并发布了《无锡建议》。

针对工业基地的转型与结构调整，国务院于 2003 年 10 月 1 日发布了《关于实施东北地区等老工业基地振兴战略的若干意见》，指出要充分发挥东北地区旅游资源丰富、独具特色的优势，大力发展旅游业，积极发展第三产业，加大老工业基地中心城市土地置换、退二进三等政策的实施力度。

自 2000 年国土资源部下发了《关于申报国家地质公园的通知》后，在 4 年后又针对矿山公园的申报出台了相应政策，并且提出了采矿废弃地的环境治理、生态修复、原有产业结构的转产和资源枯竭型发展方式向可持续方式的转变来推动矿山企业走可持续发展的道路等多项理念。此后，国土资源部组织并建构了由政府其他相关部门、单位及科研院所组成的“国家矿山公园领导小组”及“国家矿山公园评审委员会”对全国各地申报的国家矿山公园进行评选与建设，并在 2005 年 8 月评审通过了全国范围内的首批 28 处国家矿山公园。此外，经过 2000 年之前对工业旅游、遗产旅游的研究与关注，实现遗产价值有多种方式，把包括开展回归自然、重读历史的旅游业态开发作为若干再利用方式中的一种类型。在这一时期，社会各方面对工业遗产旅游的开发给予了更多的关注。同时，我国自 2004 年开始认定的多个工业旅游示范点也为利用工业遗产作为旅游项目起到了带动作用，如列入全国工业旅游示范点的鞍山钢铁集团、沈阳航空博览园、大连盛道玻璃制品厂等。

通过统计分析发展阶段的工业遗产再利用属性与特点，可以发现这一时期的改造所涉及的工业遗产点建造时间范围更为广泛。这一时期的案例中有 18 处属于 1949 年新中国成立之前的工业遗产，比例较探索时期有了大幅度的提升，并且由于这 18 处工业遗产中包括了首批批准的国家矿山公园，其中的一些矿场矿坑的开采历史可以追溯至隋唐或更早时期，因此历史跨度更大。所利用的工业遗产中有 5 处具备文物身份，其余 37 处均属于一般性工业遗产的再利用。从产业类型来看，发展阶段得到实施再利用的工业遗产类型有制造业、邮电通信业、建筑业、交通运输业、采矿业五大类，较探索阶段增加了采矿业这一类型。从遗产再利用后的功能类型来看，包括城市公共空间、居住空间、与新兴产业结合、博物展览、教育建筑、除新兴产业之外的第三产业、工业遗产旅游等，较之前一个阶段增加了工业遗产旅游这一功能。其中案例数量以与新兴产业结合最多，共计 19 处，其次是 8 处作为工业遗产旅游，博物展览 5 处，除新兴产业外的第三产业 4 处，作为城市公共空间 2 处，居住空间 3 处，教育建筑有 1 处。从案例的年代分布来看，在这一发展阶段，以 2005 年、2006 年的案例数量最多。再利用的案例开始向全国更广泛的范围内分布，包括河北、山东、上海、天津、北京、福建、重庆、青海、浙江、广东、湖北、宁夏、江苏、辽宁等 14 个省市。其中北京、上海分布数量最多。

国内这一时期工业遗产再利用所体现出的特点则是再利用常伴随着高强度的城市土地开发与城市中心区的更新，如北京的快速城市化进程，广州的“三旧”改造等。但工业遗产再利用与城市发展之间也存在一定的矛盾。在改造再利用实践方面，呈现出后工业景观、工业旅游、棕地生态修复、工业建筑遗产利用多点开花，实践案例不断增多的局面。同时对工业遗产的再利用也开始注重群体与区域的概念，这一时期提出了工业遗产历史风貌区与遗产廊道的概念。

工业遗产历史风貌区是参照历史文化遗产中以文物古迹比较集中或能完整地体现出某一历史时期传统风貌和民族地方特色的街区、建筑群、小镇村落等作为当地各级历史文化保护区的概念提出。由于城市中工业遗产多是离散分布，可能存在达不到历史文化街区标准却保存着重要历史和人文信息的区域，但与历史文化名城保护体系中文化遗产点、文化遗产街区、历史文化名城的分层次的保护体系相对应。工业遗产历史风貌区相当于工业遗产点、工业遗产群之间的中观层面，有益于工业遗产更新再利用以及城市工业遗产保护整体构建。

基于遗产保护区域化趋势与绿色通道的概念发展起来了遗产廊道的概念。作为遗产区域的一种主要形式，遗产廊道属于遗产区域的概念范畴，其中的相应历史文化资源体现出沿着道路、河流等线索分布的特征。通常是有明显的经济中心、蓬勃发展的旅游、老建筑的适应性再利用、娱乐及环境改善等空间场所。作为一种线性的遗产区域，遗产廊道把文化意义提到首位，主要采用区域而非局部点的观点进行遗产的文化艺术价值保护与再利用，同时作为一个综合的保护体系，涵盖了自然、经济、历史文化等多方面的目标。工业遗产廊道体现为以产业建筑遗产为主的线性遗产分布，构成其核心资源的是呈线性分布的工业遗产或工业文化景观。在此类工业遗产的再利用中，沿主要交通运输线路线性分布的工业遗产，通过构建绿色通道和解说系统的方式，结合一定空间范围内的遗产地历史、文化资源，打破传统的地域限制，在对于遗产本体的保护、经济活力重塑、生态环境再造等方面综合发展。目前对工业遗产廊道的再利用研究有京杭大运河江南段、丝绸之路等。如前文所述，在探索阶段也出现了以地产开发为导向的工业遗产再利用。地产导向所借鉴的是国外的概念，原是指在城市更新中开发商的逐利行为对工业建筑遗产进行房地产开发的行为。20 世纪 60 年代初期，位于美国东海岸的波士顿和巴尔的摩由于产业的调整，城市经济衰败，为了振兴经济，这两地开始了港口滨水区的城市更新改造，通过开发的方式发展会议中心和大型办公楼，翻新仓库、市场、时装店、酒吧、餐厅和酒店，并重振旧居住区。地产导向型的工业遗产再利用改造在我国的体现则是将工业遗产所在用地转为居住用地或商业用地，通常表现为政府将工业遗产所在土地收为国有后，通过“招拍挂”的方式将原工业用地在土地一级市场进行出让，委托新的使用者进行功能重置与开发，例如公开出让后改为居住用地的天津万科水晶城。天津万科水晶城位于原天津玻璃厂旧址，保留了部分工业建筑、构筑物与老厂区原有的景观资源，在赋予新功能的同时保留了吊装车间、铁轨、水塔，并作为新建社区历史文脉的延续。在这种情况下，用地获得者不会轻易放弃对土地的大规模更新，工业遗产一般只有部分能够得以保留，得到重视的可能只有部分工业景观元素，装置设备或构筑物存续的可能性较大，工业遗产建筑大部分将被拆除重建，或是因其良好的区位而被高强度的开发所覆盖。

三、工业遗产再利用的深入阶段

2006 年之后，国内对工业遗产的认识空前高涨，在随后进行的第七次全国性文物普查中，首次将工业遗产作为单独的遗产种类开展普查，各地文物系统也对属地的工业遗产及潜在工业遗产进行了翔实的调查。在城市产业布局调整及发展经济的基础之上，工业遗产的再利用实践案例呈直线上升的态势，实践案例分布遍及全国各地。2007 年国家旅游局公布的工业旅游示范点中，包含了大量工业遗产的地区，此外 2010 年国土资源部公布的第二批国家矿山公园 33 处，至此国家矿山公园已达到 61 处，工业遗产再利用案例在数量、规模和分布范围上都比之前有了很大提升。工业遗产再利用后的使用模式，设计的理念与建筑师的形式表达都不断出现新思路。在诸多学者和实践工作者不断总结实践成果下，工业遗产再利用的策略与实践得到不断完善。而这一时期新兴产业尤其是创意产业和工业遗产再利用的互动结合，成为城市工业遗产功能转化的新方向。部分城市和地区已在城市总体规划中纳入工业遗产专项规划，并为之出台了针对工业遗产再利用的专项法规。如：2010 年出版的《北京中心城（01-18 片区）工业用地整体利用规划研究》，2011 年通过的《新首钢高端产业综合服务区规划》，2012 年公布的《洛阳涧西工业遗产保护规划》，2012 年公示的《武汉市工业遗产保护与利用规划》，此外，杭州、南京、无锡等地编制了市区的工业遗产保护规划，太原、大连多地也已把工业遗产的专项规划列入总体规划中。

在全面深入阶段中，城市开始面临更多的更新问题，城市中的老工业区首当其冲。一方面，我国的城市多数是在工业基础上发展起来的。改革开放40余年以来，我国的城市土地政策为工业化提供了廉价土地和土地出让金收益，支撑了高速工业化和我国经济长久的高速增长势头，但粗放的经济发展模式与不合理的产业结构弊端日益凸显，并成了城市发展道路上的障碍。为谋求更大的社会效益，我国政府不断结合市场机制，利用政策引导产业转移及升级，合理调整城市用地的结构及规划，城市盲目扩张的现象得到缓解。城市更新、土地集约利用、建设用地减量提质都成为城市发展的新的机遇。

另一方面，我国城市发展目前的状况仍体现为多数城市以工业为主导，工业用地在城市中所占比例较高但产出较低，造成城市用地紧张。土地使用效率低下，城市公共空间匮乏，景观舒适度较差。城市总建设用地中，工业用地所占比例一直高居在超过总量三分之一的水平。城市内部工业用地占比也过高，一般在20%以上，有些甚至超过30%，远高于国外15%的水平。以上海为例，目前全市产业用地约占全市建设用地的三分之一，但每平方公里产出较低，仅为一些国际化大都市的四分之一到十分之一。

通过统计分析全面深入阶段的工业遗产再利用属性与特点可以发现这一时期的改造所涉及的工业遗产点建造时间范围非常全面。针对这一时期所收集的185处案例中，有19%属于1949年新中国成立之前的工业遗产，所占比例并不高，所利用的工业遗产中有14处具备文物身份，其余171处均属于一般性工业遗产的再利用。

再利用的案例开始向全国更广泛的范围内分布，包括北京、上海、广东、天津、山东、福建、重庆、河北、浙江、湖北、青海、宁夏、江苏、辽宁、山西、陕西、黑龙江、吉林、内蒙古、甘肃、湖南、河南、安徽、云南、贵州、新疆等省市。其中广东、上海、江苏分布数量最多。

在这一阶段，有更多社会群体意识到城市中大量遗留的工业建筑与构筑物具有强烈的美学特色，这种艺术氛围正符合成长起来的城市目标人群对怀旧和文化品位的需求。越来越多的城市政策制定者意识到这一点对于推动城市更新的重要作用，正如芒福德所说："不能用新建筑取代旧建筑来实现城市更新。"这也正成为工业遗产再利用的出发点。吸引某些人群对于这一产业的投资，文化导向下的工业遗产再利用不像地产导向有比较统一的方式，但其在工业遗产的保护再利用的过程中更加重视遗产的历史与文化价值，例如重视工业景观的重塑与展示，通过对工业遗产的保护再利用来提升公共环境品质，塑造城市整体形象。

第三章　工业建筑遗产的综合价值

工业建筑遗产的价值依赖于人们对其潜在价值的综合评估与建立其完备的价值体系。它从一般的建筑废弃物上升到一种遗产形式，证明其具有宝贵的价值和巨大的开发潜力，这也为人们充分地综合利用和系统开发这种价值提供了丰富的可能性。在城市不断更新、经济竞争日益激烈的大环境下，广大公众群体、社会组织和政府决策部门都开始不断地认识到工业建筑遗产和工业遗产文化的综合价值，开始将工业建筑遗产视为城市工业大发展的见证与印记，以此进行综合价值体系评估。其具备的价值可以从历史价值、城市存在价值、社会文化价值、综合经济价值、科学技术价值和艺术审美价值六个层面展开分析。

一、历史价值

工业建筑遗产的诞生主要是从 19 世纪中期伴随着工业革命的大生产而产生的，主要是为工业生产，同时适应生产和生活空间而建造的。从历史的时间价值上来看它可以成为见证该地区早期工业文明发展的历史体现和历史纪念物，因此相对久远的历史和历史阶段的特殊性都是工业建筑遗产稀缺价值的体现，它成为记录一个区域工业发展时代的实物载体，承载了发展过程中建造技艺、社会文化、经济发展的综合信息。早期的或者是具有开创性的遗产资源都记录着特定历史时期的工业生产活动，它们作为历史的遗存能够突破时间和空间的局限，赋予历史以质感，成为历史的载体。我们要对工业建筑遗产历史价值给予肯定，因为这些建筑遗产见证了工业活动对人类发展的历史和现状所产生的影响，这些物质证据所承载的完整的、真实的工业时代的历史，对当今人们研究近代工业发展、工业文化发展脉络具有普遍的价值，使工业建筑遗产成为维护人类发展文明多样性，保护和延续工业社会发展的文化基因的重要载体。

工业遗产与重大事件及伟大历史人物的联系。工业遗产在其发展的历史背景里，与重大历史事件和历史人物相联系，将会赋予工业遗产更为特殊的历史价值。重要的历史人物主要指国家领导人和政党领导干部，参与设计建造的建筑师和工程师，与重大历史事件相关联的历史人物等。位于上海周边的江南造船厂的前身江南机器制造总局始建于洋务运动时期，由清政府洋务派代表、晚清重臣李鸿章一手创建。它的建设与中国造船业的发展和早期的海军建立以及早期的中日战争都有着密切的关系。经过历史的不断发展，它也面临着被改造的命运，适逢 2010 年上海世博会的历史契机，对它进行了保护与改建。说明这类工业遗产对于中国的近代史有着特殊的历史意义，是记录中华民族艰苦奋斗历史的重要载体，也是进行爱国主义教育的重要参照，还是研究中国近现代史的重要依据。

二、城市存在价值

美国建筑师柯林•罗威“拼贴城市”理论的提出对城市旧城的保护与更新提出了有益的指导，他反对以城市发展和现代化建设的名义对城市进行大拆大改，主张城市的发展应该保持不同历史时期的痕迹，新旧体系在城市中和谐共生，用新陈代谢的方式来指导城市的客观发展规律。他提倡当旧有建筑完成其使用功能但仍具有使用寿命时，应该对其进行保护、维修，通过综合更新治理使其能够进入另一个新的、循环的生命周期里。这种循环的方式从一方面保存了城市发展的印记，体现了城市在不同阶段的存在价值，同时，也实现了可持续发展的理念。工业遗产在城市中所形成的工业景观也成为无法替代的城市特色，这些具有明显时代印记的煤气罐、水塔、烟囱和形态各异的厂房都形成了有多重价值和鲜明个性的工业遗产，也成了独具特色的城市地标。这些地标式的构筑物对于维护城市的历史风貌，彰显城市特色，改变原有的“千城一面”

的城市面孔，有着特殊的意义。城市的差异性和独特性是城市存在价值的有力体现，工业建筑遗产的特殊形象成为城市区域的鲜明标志，增强了城市的可识别性。

从“模糊地段”到“核心聚集区”，城市中的旧有工业用地和旧工业建筑群往往占地面积较大，并且占据较好的地理位置，工业区多处于城市的核心位置，所在区域交通便利，能够与周边居住区和城市公共区域相交错，因此其地段的边界是比较模糊的，属于“模糊地段”的性质。原有的厂区由于产权的变更和经营主体的更替使得旧工业建筑处于产权关系复杂但又无人负责管理的境地，因此由曾经地理位置优越的黄金地段变成了城市中“失落的空间”，形成了城市中的“模糊地段”。通过自上而下的决策与统筹管理，使更多城市“模糊地段”发展成为城市的“核心聚集区”，将原有的单一生产功能转变为多元化的丰富的创意产业，重新激发了地段的活力。如上海的“八号桥时尚创意中心”就是由原来上海汽车制动器厂的旧厂房改造而成的。整个园区通过重新整体打造，就原有的七栋老厂房在功能上重新组合，运用原有的建筑材料进行立面修整，以凹凸不平的砌砖形式突出其墙面的肌理层次。在功能上相对孤立的建筑通过连廊、天桥的形式相互联通，形成连续的交通空间，使建筑形成一个有机串联的整体，空间的再造能够满足新功能的使用要求。设计师在整体功能上植入了创意产业、企业办公、餐饮和商业等多种实体，使整个建筑园区焕发出了新的生机，成为极具商业潜质和集聚效应的城市旺地。与此相距不远处，是位于泰康路 210 弄的田子坊，原是 20 世纪 50 年代上海典型的存在于弄堂的工厂，由原先的海华制革厂（第二厂）、康福织造厂、明永瓶盖厂、上海食品工业机械厂、鉴臣香精二厂、上海钟表塑料配件厂等六家工厂组成，形成具有上海里弄特点的作坊。在经过十年的发展，如今的田子坊已发展成为上海市区最大规模的创意文化与视觉设计基地。成为我国较早地利用旧工业厂区进行再利用改造的项目之一，为今后的类似项目提供了宝贵借鉴经验，在保留城市印记的同时，发展丰富了产业模式，凸显了城市的存在价值。

三、社会文化价值

工业建筑遗产见证了人类工业革命大发展时期的生活场景，工业生产活动在创造了大量的物质财富的同时也为人类缔造了不可取代的精神财富，工业遗产作物记录了广大劳动群体难以忘怀的经历，成为广大工业生产时代社会劳动者的社会认同感和归属感的基础，对社会发展形成了极大的影响力。工业生产过程中铸就了一种励精图治、锐意进取的精神品质，为社会增添了一种务实创新、永不衰竭的精神气质。所以说工业遗产作为最好的纪念物不仅是由于它承载着完整而真实的历史信息，还为大众追溯以工业大发展为标志的近代历史保留了各阶段的历史遗存，使人们可以更真切地理解这一时代人们的生活环境和生产方式。同时工业遗产的保存对于长期工作于此领域的产业工人、技术人员以及他们的家庭成员来说都有着特殊的、不可替代的情感经历，对于长期生活于此的工业社区的居民来说也是情感上的一种弥补与寄托。工业遗产作为历史见证，记载了各个时期不同的工业制造企业所承担的社会责任，以及该地区工业发展的历史进程，记录了广大劳动人民难以忘怀的生产经历。这些企业与企业工人对整个社会的经济发展产生了极大的影响和作用，对当时的城市建设经济发展等方面也作出了重要贡献，对于当地的人们具有特殊的、不可替代的情感价值。此外，企业文化也成为工业遗产价值中具有非物质遗产价值的部分，反映了不同企业所特有的经营理念和企业文化精神。这些精神层面上的工业遗产也都能通过工业遗产所具备的文化属性进行传承，这些无形的遗产形式也具有广泛的社会价值和教育意义。在德国的鲁尔区，随着整体工业区的更新和环境的治理，特别是随着工业旅游路线的形成，原有的工业生产虽然停滞，但是当地居民仍然喜欢居住在老房子里面，因为在当地人眼中老房子是历史的见证和浪漫品质的保证。这更是他们内心所依赖的精神家园，是记录他们成长、生活和工作的地方，其所具有的精神属性与情感是无法复制与替代的。

人类历史的发展从农耕文明过渡到工业文明再发展到后工业时代，体现着人与自然关系的微妙转变，从早期的人类依附于自然到逐步征服自然，最终实现与自然的和谐共处，后工业时代的到来正是人类文化衍生交替的成果，而工业遗产正是这一社会转型的大背景下的历史产物。工业文明所带来的巨大发展的同时也对生态资源造成了不可估量的破坏，在其发展的同时威胁到了人类的生存环境，因此对旧的工业用地与工业遗产的保护和循环利用，也体现出人类重塑自然生态、构建人与自然和谐关系的主流文化价值。基于尊重历史文化、地方文脉，共筑和谐社区关系和居民情感，强调公众参与的综合性城市生态、文化、社会价值，注重在城市的发展过程中尊重历史印记，保持不同时期的文化形态，充分体现文化的多样性特点。可以说对工业遗产的保护与更新是对城市文脉和人类文化的丰富与扩充，有利于不断地推进历史的进程，拓宽从工业文明向后工业文明的演变与发展。工业文明和工业遗产作为人类发展史上最辉煌的一部分，具有特定的文化属性和不可替代的文化价值。一个城市在自身发展中应注重文化记忆和脉络的连续性，对于某段历史的特殊记忆、个人的情感回忆所形成的连续性都是文化认同感的体现。一个城市的历史是依靠众多的历史遗迹、建筑遗存来进行整体联系的，仅仅依靠文化碎片式的方式是不能呈现历史的延续性和发展历程的。我们在注重保护千百年前的历史古迹的同时，也更应该注重工业遗产对当今社会发展观的价值。大多数的旧工业建筑都布满了历史所留下的印记，有着丰厚的历史底蕴，它不仅仅是一个仓库、码头，更是见证了城市发展变迁和承载着特定年代人们艰苦奋斗的历史记忆。对于旧的工业建筑所运用的各种改造模式都为这历史的遗留注入了新的活力和时尚元素，使其成为城市发展的新景象，因此这些旧的工业建筑应被看作文脉的延续及体现社会价值的城市艺术品。但是在保护与利用的同时应该持有一种冷静与客观的态度去评判工业发展的历史，以及工业遗产所体现的历史功能，在尊重和彰显其历史贡献的同时不能回避其对自然生态的破坏，应将其全貌作为历史发展的一部分呈现给未来的人们，充分体现其文化生态的内涵。所以说，工业遗产是城市社会文化价值的综合体现，保留城市文化的遗存，对于它的保护和合理利用，是连接城市近代与未来发展的良好典范。

四、综合经济价值

结构和空间的可利用性。工业建筑遗产在建造之初，主要是为了工业加工或生产服务，其建筑一般空间开敞、跨度较大，建筑结构十分坚固，建筑的结构寿命一般远远超过其功能使用的年限。牢固的结构能满足长时间、多样化的使用需求，这就使得工业遗产具有使用年限低龄化的特点。随着产业不断升级，在保持原有建筑形态不做大规模改变的前提下，发挥其建筑结构空间可以灵活划分的优势。工业建筑的特点是其建筑的结构包容度很大，开敞的结构形态、良好的采光、健全的配套设施以及高大的举架，这些特点都为空间改造提供了极大的可能性，可根据新植入的功能业态来挖掘其建筑结构的潜力，在大的结构体系中，创建多样化、具有趣味性、可满足不同需求的小型空间。建筑内部空间使用的灵活性又最大限度地满足了新植入企业的经营需求，同时这些建筑的构筑物形态多样，例如炼钢高炉、大型仓库、煤气储气罐、烟囱、水塔等，这些都可以进行结构的利用和空间的重塑。这些富有特色的工业建筑符号是任何新建建筑所无法比拟的。恰恰是这种改造变异的空间形态所产生的空间冲突更容易让人们产生期待的心理和视觉的刺激，这种别具匠心并且艺术表现力极强的建筑形式能够为新植入的产业形态增添无形的价值。这种方式既保护了工业遗产的形态又节省了大量的拆迁费用和重建成本，实现对旧有环境的优化。

保留这些工业遗产的建筑和构筑物的同时还应对其生产状态进行适当的保护，这种生产痕迹的遗留也是其内在精神的一种延续，对于新置入行业的使用者和经营者来说也成为这种内在精神的“继承者”。同时生产状态和生产场景的保留也为发展工业遗产旅游提供了便利条件。参观者可以在游览体验的过程中通过对工业生产场景的再现和后期的艺术展示得到与真实场景最为接近的特殊体验过程。工业遗产旅游也将成为推广遗产保护、延续工业精神、彰显时代魅力的一种传播形式。

在工业遗产的更新过程中将创意产业与工业遗产相对接是广泛采用和推广的一种方式。创意产业作为第三产业的重要代表，已成为推动城市更新和经济增长的新动力。正如经济社会学家格兰诺维特在“经济镶嵌理论”中指出的，经济行为必定要在一定的社会结构中发生，因此对经济活动的理解必须放在社会关系和社会结构脉络中加以理解。而旧的工业建筑恰恰为创意产业的发展提供了极好的场所与空间，它也同传统制造业之间有着默契的联系，其特异的建筑形态、自由的布局形式、可塑性极强的空间形式都与创意产业的内在特性相吻合，是创意产业发展最为适宜的土壤。创意产业的发展初期多以零散的、小型的创意机构为主体，空间地缘的限制使它们很难形成集群效应，无法形成合力，这就大大地限制了创意产业的纵深发展和良性循环。而旧工业的建筑组团恰恰为此提供了适宜的空间形式，能使若干的小型创意机构共享于整体空间，为其实现循环发展提供了较好的空间平台。同时经济形态的多样性也改变了过去以单一工业生产为基础的经济模式，多元化商业的植入将原有的内向型工业空间转化为众多人群参与的外向型的开放商业空间，这一切也都充分体现了工业建筑遗产所具备的综合经济价值和发展潜力。

五、科学技术价值

早期的工业建筑都是与产业革命的发展紧密相关的，许多工业建筑遗产在特定历史时期都代表了某一工业门类的建筑的最高水准，具有很强的开创性。并且，工业生产活动所使用的机械设备、生产工具乃至工艺流程，在当时都是技术先进的创新性设计，对先进技术在全行业范围内的推广起到了重要作用，产生了很大的社会效益。这类工业企业的建筑和制造设备都具有特殊的遗产价值，这种价值无论是在实体中还是在文字档案里，甚至在人们的记忆里都会有所体现。作为特定时期先进生产技术的代表，启新水泥厂从 1889 年在唐山建厂开始，跨越了三个世纪，连续生产了 120 多年的时间，见证了中国工业发展从近代到现代的系列巨变。在这里诞生了中国的第一袋水泥，其产品“马牌”水泥曾荣获国际大奖，其水泥工业生产代表了当时中国最先进的水平，厂区的核心部分是现存历史最为悠久的 4 ～ 8 号水泥窑，这部分工业遗产始建于 20 世纪初期，体现了当时历史、生产流程和工业美学的核心价值。8 号窑全长

105 米，是全厂长度最长、体量最大的生产设备。这些先进的生产技术和制造工艺都极具科学技术价值。

在工业遗产中有大量的建筑物、构筑物和机械设备，都运用了当时最为先进的技术和最新型的材料和结构，这些特定历史时期的工程技术的先进性都是通过工业遗产体现的，例如早期的钢结构、无梁楼盖的新结构、薄壳结构都在工业建筑中应用而被推广。同时，在工业建筑中一些特殊的空间形式也得到了前所未有的尝试。北京焦化厂搬迁至河北唐山后，遗留下来的大量土地用于尝试开发。在厂区内仍然保留着大量的构筑物和设施设备，这些遗留的构筑物和设备中有许多具备了当时先进的生产技术，这些都说明工业建筑遗产拥有一定的科学技术价值。

六、艺术审美价值

在城市发展的过程中随着大量新建筑的建造，原本为满足生产需要的工业建筑由于年代久远、现状破旧，按照传统的美学观点可能会被大众认为是丑陋的、粗糙的、落后的象征，在城市快速地开发建设时期，容易被当作城市落后的形象被无情地拆除。但是随着工业遗产被不断地广泛利用，其自身具有的建筑美学价值得到了不断的体现。工业遗产中的厂房、仓库等大型建筑物和构筑物都体现了特定历史时期建筑的风格特点，也是建筑流派和建筑师风格的有力体现。建筑本身的结构、空间、材料、色彩都极具艺术表现力，都通过不同建筑形式体现了机械美学、现代主义风格、后现代主义风格的建筑美学特点，这也成为工业建筑美学理论的构建基础。

因为工业遗产在整体规划、建筑设计和公共设施等方面都是以生产流程和群体集合的形式展现的，这就形成了许多体量较大、形式丰富、造型各异的工业遗产建筑群，在城市区域中形成了特定的产业风貌，起到了丰富城市景观的作用。这也使得很多形态特异的工业遗产构筑物成为城市特色识别性的标志，给生活在城市中的人们带来了认同感与归属感。

在城市快速发展的进程中，对工业遗产的保护与再利用正是赋予旧建筑新生命的开始，是对城市精神的一种重塑，是对城市发展有形的历史片段的保护。建筑自身也具备一定的生命周期，其生产功能只是生命周期中的一个阶段，只有通过不断地更新和利用，才能激发建筑潜在的活力与生机，使其以循环的态势延续生命周期，通过自身更新对周边区域产生一种连带作用，实现区域经济和文化的发展。使原本功能单一、区域封闭的工业遗产更好地融入城市发展中，与市民生活更好地融为一体，彰显旧建筑所具有的历史感和亲和力，使之获得更多的关注与认可。

国内工业遗产的保护大多是以粗放型的模式进行改造，对于工业遗产保护体系的建立缺乏科学的理论研究，对于如何选择用适当的方式进行改造，也同样缺乏合理的认知，因而导致一些具有较高遗产价值的建筑遭到破坏，一些盲目改造的遗产项目也未能达到预期的效果，进而又对经济、社会以及历史文化领域造成不必要的损失。因此，将遗产保护综合评估体系单独进行阐述，其目的在于强调工业遗产综合评估标准对于遗产改造方式的先导作用，强调在选择保护与改造的方式之前，应先对改造对象的各项价值有科学、合理的评定，在经过分析确定价值之后再制定工业遗产更新的模式与手法。通过对工业建筑遗产保护与再利用的综合价值体系进行了具体的分析，将与遗产价值相关的评价因素进行了分化，并将其作为考量遗产价值的重要因素进行评估。而每个评估因素又可从不同角度进行细分论述，最终使综合价值体系的建立具有严密的科学性和系统性。

第四章　实践模式分析

一、公共艺术中心

随着城市的不断拓展，城市所包含工业遗产的形态也在不断丰富，以服务城市公共艺术设施为主要功能的工业遗产改造性项目，最主要的核心关注点是如何利用原有的厂区和建筑内外部的公共空间，同时借助艺术创作的新途径进一步改变或优化工业建筑的使用功能，为公共艺术品的创作和艺术品交易推广提供空间。

上海新十钢（红坊）创意产业聚集区的前身为上海市原上钢十厂冷轧带钢厂，该工业建筑群已被定为上海市城市现代工业遗产，在进行保护与再利用的实践过程中，最大限度地保持建筑原有的工业形态，在主体建筑立面上充分尊重建筑的历史印记。对富有特色的红砖墙面进行保留，原有建筑高大的空间和连续性的桁架结构屋顶被完整地保留下来；室内完整保留着原先用于钢铁冶炼的淬火池，并将此区域改造成了艺术品展示空间；将建筑群的内部空间与新的使用功能相结合，充分将空间的开敞和挑高与现代艺术的展示创作功能相结合，对内部空间进行合理的划分；将混凝土、钢、木材和玻璃等材料融入内部空间，使旧工业厂房原有的粗犷与现代艺术的精致细腻产生鲜明的对比。整个建筑园区占地约 5 万平方米，其中，室外的公共艺术展示空间就达 1 万多平方米。项目的开发保留了原有建筑厂区特有的工业印记，厂区中间开敞的空地作为大型的城市雕塑的展示空间，用现代工业景观的处理手法来进行设计，将公共艺术雕塑置于其中，这种空间处理手法对于上海寸土寸金的中心城区来说是十分难得的。2009 年上海新十钢（红坊）创意产业聚集区被专家认定为工业遗产的示范区，被当作优秀案例并向全国推广，它已逐步被打造为一个公益性文化艺术交流平台，以城市雕塑艺术中心为核心，集公共艺术交流、艺术展示与贮备、艺术教育与推广、艺术品交易等四大功能于一体。上海新十钢先后吸引了 13 家国内外顶尖的画廊和艺术机构入驻，致力于打造文化创意产业平台，先后吸引了近百家有影响力的创意企业。这些企业多为外资文化企业，同时还有建筑设计、媒体策划等高质量的设计公司入驻，建立起了资源共享的产业链和合理的产业结构。园区还以较低的场地租金扶持国内外的有潜力的艺术家，为他们提供廉价的创作场地，这些艺术与文化品牌的入驻为曾经没落的工业厂区增添了无限活力，也满足了城市大众对文化艺术的消费需求，提升了周围区域的土地价值，营造了良好的文化艺术氛围，延续了城市的历史文脉。该创意产业聚集区以文化与艺术再造工业遗产的新理念成为上海新的文化地标。工业建筑原有的老砖墙、老桁架都承载着历史的记忆，在工业遗产的再利用中我们首要尊重的原则是最大限度地保持建筑原有风貌和保持空间的特性与材料肌理，从而再现历史的原真性。新十钢的改造是在工业遗产功能重塑领域新的探索。它成功地延续了城市文脉，保留了城市记忆，激发了城市活力和时代精神。结合区域经济的整体发展赋予工业建筑遗产新的存在使命，与新的经济形态、大众需求结合在一起，使其焕发出生命的二次活力。

二、商业办公

近些年将工业建筑遗产直接转化为商业及办公空间是再利用改造项目中最常见的改造方式之一，特别是在一些经济发展较好，区域地价较高的城市，通过对老工业建筑内外部空间的改造再利用，划分重组出适合商业办公的空间形式，以满足新的使用要求。同时，通过增加建筑空间的组合与联通，增加场所的空间围和感，丰富空间形态，使其更加适于商业办公的实际需求。

近年来，上海的工业发展开始逐渐向园区集中，一方面工业园区吸引着同类产品的制造企业一起聚集，共同发展提升产业制造的水平；另一方面也扩大了产业集群的经济规模。而大量工业企业的外迁，使近2000万平方米的工业厂房成为上海城市中心的废弃地，这些工业厂房中有很大一部分是具有保护价值的工业遗产。而如何改造与利用这些工业遗产，成为上海城市建设与发展的重要关注点。1951年，前身为上海紫光机械厂的上海智造局成立。2006年，紫光机械厂外迁至浦东，原有厂房被空置下来。上海卢湾区政府为了推动创意产业园的发展，打造以国际服务外包为主的创意园区，聘请加拿大LSK国际建筑事务所对原紫光机械厂及周边的上海刀具厂、上海采矿机械厂等多处老厂房进行整体的园区规划设计，对整个园区的商务功能和空间布局进行合理的划分。整体空间由5栋建筑相围合成街区式的建筑组团。整体园区以智造局国际外包服务产业园的整体面貌出现，这也是上海首个以服务外包为主的产业园区。智造局与上海田子坊、八号桥、M50等创意园区不同，它服务的对象更为广泛，面向设计的行业种类更多，以服务外包的功能入驻的企业更专注于此项核心业务。改造过程中，在建筑改造利用方面强调了它的功能特色，错落有致的空间层次保留了老上海里弄空间的感觉，在建筑立面上用咖啡色的石材取代了原有蓝白涂料的厂房立面，在沿街立面上局部采用了玻璃幕墙和金属门窗，符合产业园区的形象要求，也使建筑看起来更加简洁现代。建筑群的空间规划方面，将园区外的公共绿地与园区内的人行步道相连接，实现了空间上的交融和视线上的渗透，这种外景内借、内外交融的手法使整个建筑群由外及内、由高到低有层次地联系在一起。同时，巧妙地运用连廊、坡道和夹层在原本彼此孤立的建筑之间打造出富有情趣变化的交通流线。根据业态需求将人流与物流相分离，使内部空间流线动静分开、高效有序。在景观的铺装处理上采用中国红、中国黑等花岗岩石材和透水地砖相拼接，形成富有工业感的厂区通道和围合小广场，改变了原有粗糙水泥路面的呆板效果，在空间围合的小区域中以点景的方式购置了富有情趣的小景观。树阵、亲水平台这些小的点景都处在建筑高低错落和交通相互连接的围合处，使身处不同空间的人们都能感受到景观的怡然与情趣。错落有致的廊桥丰富了空间的交通关系，构筑了多样化的休闲交流的灰空间形态。这些富有情趣的廊道空间增强了建筑之间的亲近感，也大大弱化了工业建筑冰冷的感觉。新型的园区内部营造了一种开放的空间，创造性地设计了许多沟通交流的场所，使租户之间交流更加紧密、配合更加高效、关系更为亲近。通过对建筑遗产的整体改造将其与新加入的外包服务功能相结合，保留了原有街区的味道，打造了高效而温暖的空间层次。运用条窗、幕墙、廊道和景点等细腻精致的局部设计协调了建筑之间的大比例关系，使老建筑与新功能很好地契合在一起，成为上海工业建筑改造中，空间利用的典范。

三、文创园区

创意产业园区是近些年来工业建筑改造与第三产业结合最为密切的方式，也是国家政策所积极倡导的。工业建筑遗产，特别是具备一定场所聚落特点的工业建筑群，其空间形态丰富，能够满足大量中小型文创公司和创业团体的需求，富有变化的空间形态和粗放开敞的空间也适于创意人群的实际需求。同时，大量中小型企业的驻入也容易在同一区域内形成产业集群，成为拉动区域经济增长的新动力。

广州作为中国改革开放的前沿城市，文化创意产业蓬勃发展，广州的红砖厂艺术园区的成功实践在城市的工业建筑改造中是很好的案例。红砖厂前身为广州鹰金钱食品厂，1958 年 6 月开始改建成广东罐头厂，是当时中国与苏联经济合作的 165 个重点项目之一，也是当时全亚洲最大的罐头厂。整体园区的建筑以苏式建筑为主，经过大半个世纪的加工生产，厂区内原有的老建筑结构已无法满足大型现代机械化生产的需求，加上城市发展“退二进三”的政策，厂房的外迁使原有厂区的苏式老建筑得以保存下来。厂区的位置具有独特的区位优势，处在天河区珠江新城 CBD 中轴线的东侧。由于厂区面积较大，为了使园区整体得到保存，从传统产业向创意产业跨越，政府决定将罐头厂打造成富有新鲜创意活力的国际化创意产业基地，形成文化产业发展的综合体。园区面积 17 万平方米，拥有几十座大小不等的建于 20 世纪 50 年代的苏式建筑。这些建筑大多由檐部、墙身、勒脚组成三段式结构，左右中轴对称，平面布局规整，内部空间中间高两边低，空间通透，适用性强。在改造过程中，基本保留这些建筑的立面形态，对其年久失修的屋顶进行维护，内部空间保留了大跨度的木夯架的顶部结构，使原始的木质檩条与瓦片相搭接的顶棚原始结构清晰可见，对建筑立面的门窗只做基本的修缮。这样的厂房空间多用于艺术家的工作室和艺术展览基地，内部空间不做分割，充分利用其开敞的效果，使建筑内部空间向室外延伸。在园区中入驻了许多艺术研究机构，其中包括清华大学吴冠中艺术研究中心和张仃艺术研究中心。在园区内，对一些保留价值不高、缺乏艺术性的建筑进行了大尺度的改造，多将其改造为餐饮休闲空间，以满足园区的配套功能。园区中还保留了一段最早的运输铁路，修缮后的老站台和火车车厢被改造成富有情趣的火车主题餐厅。园区内建立了统一的标识导向系统，黄色的标识系统鲜明醒目，增强了园区空间的有序性。在园区的服务体系上还增设了许多便于游人参观使用的自行车作为免费的交通工具，一些在工业生产时期被广泛应用的工业构件、工业器具都被进行了艺术化的再处理，大多构建以原封不动的方式作为公共雕塑矗立在园区的各个角落，这些生产机器虽然丧失了使用功能，但作为公共雕塑仍体现了原有历史的痕迹。它作为鲜活的历史记忆联系着工业园区的过去与将来。同时，它也以一种新型的城市工业雕塑形式展现在人们的面前，给人耳目一新的感觉。广州红砖厂创意园区的成功改造将当代艺术、视觉文化、文化产业三个要素与工业建筑改造相契合，将文化作为城市发展的推动力，促进城市的产业提升，将文化产业发展的态势与城市竞争力产生共融。红砖厂作为艺术展示与创意产业的平台，将借助于此扩大民众与艺术、设计接触的机会，让现代的艺术文化成为大众生活的一部分，同时也成为驱动广州经济发展的新引擎。

四、活态遗产保护与利用

工业遗产的保护一个很重要的层面就是要使其生产工艺价值延续，活态化的保护就是在使其仍具备使用功能的前提下采取的保护措施。福州马尾船政作为我国近代最早的近代工业遗产具备较高的综合价值。

福州马尾船政位于福州市闽江下游的北岸，最早建于 1866 年，是清朝洋务派兴建的第一座军工造船厂，也是我国至今保留最早的近代工业遗产，是全国重点的文物保护单位。马尾船政以马尾造船厂为核心，与周边的闽江工业遗产共同组成了闽江下游的工业遗产带。它同其他的工业遗产改造再利用的途径有所不同，对其保护应该采用活态保护的手段，以造船厂生产区为核心，结合福州的船政文化进行系列遗产的整体保护与活化再生。我国工业遗产的保护与更新，大多采用静态遗产的再利用模式，一般在企业厂矿丧失原有生产功能后，将其再利用改造成为博物馆、创意园区和工业遗产公园等。马尾船政活态的遗产保护，主要是指工业厂区仍延续原有的生产制造功能，且生产制造前景良好，其保护方式只是将保护区从生产区中划分出来，对保护区主要是采用工业旅游的方式进行发展，形成生产区与保护区共存一处的模式。同时，在遗产保护的科学价值方面工业生产制造的延续也是对其生产工艺和科学技术价值的延续。活态保护也使得马尾船政避免了由于厂址搬迁所产生的相关问题，现在其保护区主要包括东北部的船政衙门前的官庭池遗址与法式钟楼、中部的船政轮机厂与船政绘事院，以及西北部水上飞机的生产厂房三部分。这些遗产都以博物馆、历史资料陈列馆的形式进行保护与宣传。其中，建于 1867 年的船政轮机厂由法国人设计，具有典型的欧式风格，车间总面积 3000 平方米，由砖、石、铁、木材料合构，结构牢固，可配置机械加工设备 200 多台。1871 年，我国第一台船用蒸汽机就在这里制造成功，这也是我国现存最早的工业车间。建筑的主体外立面采用红砖垒砌而成，建筑的基部采用石材镶嵌的形式，内部支撑结构为铸铁的跨柱，用于支撑木框架顶棚，这种多材料相组合的建筑形式，从当时的建造技术水平来看是十分先进的。建筑内部现在仍完好地保留着原始的形态，铸铁的承重柱造型优美、纹饰清晰，在建构技术上很好地兼容了造船生产与房屋承重的双向功能。此空间现在主要通过人物雕塑的形式展现造船厂的生产场景和相关历史人物的生平。而同样建于 1867 年的船政绘事院主体建筑保留完好，建筑由红砖砌成的壁柱、窗口、女儿墙等仍清晰可见，只是内部空间用现代装修的手法改造成了马尾造船历史陈列馆，在一定程度上破坏了室内环境的原貌，使内部空间被现代装修材料所掩盖，无法展示原始的结构形态。结合活态整体保护厂区规划了一条工业遗产旅游路线，参观景点依次是：沈葆桢亲自栽植的沈公榕；纪念担任 11 年福州船政局局长的陈兆锵中将——法式钟楼；船政总理衙门文物——船政石狮；1867 年建成，保存完好的具有欧式建筑风格的轮机车间——船政绘事院（厂史陈列馆）。通过对马尾船政工业遗产的活态保护，将其提升为国内有代表性的工业旅游典范案例与工业旅游示范基地。通过工业旅游带动船政文化系列遗产的整体保护与活化，旅游路线不仅能将造船厂内的各阶段历史遗迹串联起来，还可以把与船政文化相关的闽江一带的文化遗产遗存联系起来进行整体的保护。逐步形成由罗星塔、昭忠慈、马江海战烈士墓、中国近代海军博物馆、船政精英馆和船政文化广场形成的组团式遗产景点，从而形成以点至面的保护体系。马尾船政的活态保护与工业遗产旅游开发为我国的遗产保护探索了一条新的途径。国家文物局也准备将江南造船厂、福州马尾船政和北洋水师大沽船坞联合申报世界文化遗产名录的后续文化遗产。这也将是我国第一项申报世界遗产的工业遗产，以这种活态保护的形式可以延续工业遗产的历史信息与综合价值，具有可行性与独特性。

第五章　评价标准

国内目前通行的文化遗产价值（认定体系）即《中华人民共和国文物保护法》（2007）、《中国文物古迹保护准则》（2004）等法规准则中提出的历史价值、科学价值、艺术价值，强调文化遗产的固有价值。近年来，文化遗产价值的社会外延——社会文化价值，即遗产对于地方文化与居民社会的重要影响（类似于“英国遗产”所提出的“共有价值”），逐渐受到重视。在以往有关工业遗产价值标准的研究中，历史、科技、艺术审美、社会文化价值构成了对工业遗产价值认识最具共识性的四个方面。同时，工业遗产的经济价值也是更新再利用的重中之重，主要是指其经济利用价值和具体的使用价值，也应该作为价值构成体系的一个参考因素。但是工业遗产的经济利用价值主要受所属的城市环境在城市中的区位特点、所属区域土地价值的高低、周边经济形态的影响，同时也和城市发展过程中土地开发价值有着密切的关系，所以无法作为一个量化的恒定因素参与到评价体系当中。在英国、中国香港等地区的工业遗产评价体系中，可以在土地开发和遗产再利用的过程前期对工业建筑遗产的经济价值作出相应的评估报告，聘请经济学领域的专家单纯地从经济价值的角度对其进行评估。但经济价值往往会呈现与遗产综合价值评定因素相背离的情况，例如工业建筑历史越悠久、存在条件区域越破旧，其单纯的利用价值可能会越低，但是其遗产的综合价值可能会呈现相反的状态。

工业遗产价值构成的主要方面与影响价值判断的主要因素可以产生直接对应的关系，作为价值构成的主要评价信息。其中，历史价值主要与时间年代和历史的重要性相联系，从时间和重要程度等方面对历史价值进行考量。而科技价值主要从工业设备（制造机器及生产工艺）、建筑主体（建筑材料、建筑结构、建筑工艺）两方面产生联系，从这些因素的先进性、重要性和相关度等方面进行评判考量。美学价值主要是体现工业建筑物、建筑群落和工业景观的艺术形态和美学品质。同时，典型性建筑风格的体现也成为重要的参考因素。而社会文化价值则涉及企业文化、民族或区域文化的认同感、推动地区经济发展和居民生活的相关度等一系列问题。价值构成的四个方面与影响价值的相关因素一一对接，形成以价值构成形式为核心、影响因素为量化标准的评价体系，较为公正、公平、具有代表性和普世性地对工业遗产的价值进行系统的评价。作为评价标准的界定则从真实性、完整性、代表性、稀缺性、脆弱性、多样性、文献记录状态和潜在价值几个方面进行评定。价值评价标准是对价值构成体系及影响因素的量化和质化的标准，也是最终评级体系数据化呈现的依据。

一、评价原则与方法

1. 建立合理的评价原则

建立合理有效的工业遗产评价原则应从遗产的整体性入手，对工业遗产的真实性、代表性和完整性进行评价，同时，将客观性指标与主观性指标结合起来进行整体考量。具体的评价原则有以下三点：

第一，评价指标采用定量与定性相结合。工业建筑遗产的评定具有定量的客观性与定性的主观性相结合的特点，量化的部分是由普查得来的具体数据为依据，在进行横向比较时能够鲜明地说明实际问题，具有一定的标准化和科学性；而定性的评价则具有较强的主观判断，特别是涉及人们的主观情感、思想意识、情绪感受和满意状态等要素时，很难通过量化的形式进行再现。所以应将定性与定量结合起来进行综合考虑，根据价值构成的不同形式，采用相对应的评价原则，避免采用片面单一的方式作为评价标准。

第二，评价体系覆盖的广度与提炼的精度相结合。由于我国的特殊情况，在同一时期展开过大规模的生产建设，因此在不同的城市都有相似度极高的工业遗产类型存在。工业建筑遗产所涉及的内容十分广泛，同一时期的遗产类型也有很多的相似之处。同时，各省市中工业生产的企业数量众多，牵扯的各类因素十分庞杂，很多不具代表性的个例因素对遗产价值的整体评价有着干扰影响。单纯追求量化的完备和覆盖面的全面是很难做到的，会为评价体系的建立带来更多的阻碍。提高评价指标的精炼度则需要选取那些具有极强代表性和典型意义的指标，对能够较为全面地反映工业建筑遗产主要价值构成形式的指标进行评估。

第三，评价目标的普世性与独特性相结合。工业建筑遗产由于其数量众多、涉及范围广，需要通过横向的比较将其具有共性的因素提炼出来，总结归纳其具备的普世性价值，这种普世性价值的归纳提炼，也有利于我们将其作为同一类型评价的参考。同时，对于独特性的案例，要给予更多的关注和思考，特别是其具有独特性价值的表现形式，在评价过程中，可以将各类具有独特价值的遗产形式进行单独成组，将其作为一个单独的关注点分别对待，这样的评价方式将较好地顾及工业遗产的特殊性，避免了简单的平均化的评价模式。

以上所谈到的定量与定性相结合、广度与精度相结合、普世与独特相结合的评价原则，将从工业遗产立体的全面的方式对其进行科学的考评，试图涵盖工业建筑遗产所具备的所有问题，构建具备形成全面而合理的评价体系。

2. 建立全面的评价方法

工业建筑遗产的评价方法应建立起从整体到局部，采用层层递进的评价方法，形成层级的过渡，使用具有典型性的工业城市片区—典型工业企业—单体工业建筑—典型工业构件或设备的四个层次的评价方法。第一层面是典型的工业城市片区，从城市的角度展开关注，对城市中大规模的工业片区与城市发展的相互关系和对城市的促进作用以及工业要素在城市进程中的从属地位进行关注。特别是典型的工业化城市，往往若干大型的工业企业就已经主导了城市的定位与发展方向，工业遗产的形成离不开大的城市格局的依托，所以评定方法也应从宏观的角度进行关注，特别是要关注到工业遗产在未来保护与再利用过程中与城市发展的关系，这些因素都是其潜在价值的表现，脱离开城市大的格局孤立地去看遗产的价值是不科学的，应当将遗产的永续发展与城市的历史脉络和未来走向结合起来统筹考虑。

第二层面是从城市的层面延展到具有典型意义的工业企业，特别是对一些以采矿业和交通运输业、冶金制造业为主导的城市形态中的大型工业企业进行关注，这些大型的工业企业应当成为重点的普查对象。工业企业本身应成为遗产价值物化载体的核心，也是遗产价值物化最直接的体现，应当成为调研普查的主体对象。从它的筹建到发生的历次变革以及现在所呈现的状态，都是遗产历史价值和社会价值的集中体现，它更多的承载了工业遗产的历史价值和社会价值。

第三层面是将单体工业建筑作为遗产的一种类型，主要是在工业企业中所存在的具有典型性或特殊性的工业建筑个体，这些建筑无论是科学技术的价值还是所承载的历史价值都具有典型的代表性，往往是我们作为价值评价的主要关注点，也是我们未来集中改造的主要对象。所以评价方法对这一类的具有代表性的工业建筑要从评价体系的各个方面展开关注。

第四层面典型工业构件或设备，工业构件和机器设备最典型的价值就是其所蕴含的科学技术价值，它往往成为特定历史阶段生产力先进性的代表，虽然随着生产能力的丧失，其生产制造加工的使命也宣告结束，但是这种设备在后期的改造过程中，对其进行艺术再造的可能也将成为其潜在的价值予以关注。有些构件和设备与重大事件、重要人物和重要的历史时期结合一起，可以采用博物馆式的整体保护加以展示，另外具有普世性价值的大众设备则可以通过艺术创作的手法对其进行解析与重构，通过艺术思维和艺术元素的加工创作，使其与新的使用功能相结合，挖掘其潜在价值。

评价方法的建立，是从一个整体的角度对遗产的价值进行关注，采用从整体到局部分层面关注的方式，考察不同层面价值因素的比重，在不同层面上的价值凸显，这样将避免我们以平均的态度、视角和评价方法面对价值体系的评价评定。

二、工业建筑遗产评价体系的实施机制

在对工业建筑遗产所制定的保护政策和再利用方式进行探索之前，一定要对建筑遗产有全面详细的了解，包括对建筑原始资料的调查、收集和分析，从而建立起比较完备的资料档案和登录制度。我们对建筑遗产的整体性价值是通过综合评价体系、再利用控制体系和规范保障体系三个方面的综合考虑来完成的。

国际上对历史性建筑的保护分为制定制度和登录制度。制定制度主要是针对文物类建筑的保护，而登录制度是对准文物类建筑的保护。目前，在我国只有制定制度一种形式，而欧美等发达国家多采用双重的保护制度，使得制定和登录两种制度并存。目前，登录制度在世界范围内应用得更为广泛，它大大扩展了建筑保护的范围，将保护对象从珍贵的精品建筑扩展到多样化的历史建筑甚至是大面积的历史建筑聚落和建筑遗址群。保护的方式也从单一的博物馆式的保存逐步过渡到多样化的保护与再利用并存的双轨道形式。管理的模式也从单一化的干预管理向动态的多方面参与的主动模式过渡。所以针对近代的工业建筑遗产，登录制度显得尤为重要，在登录之前要对其价值进行充分的认定，对背景资料进行全方位的记录和研究。对于大量的建筑遗产，必须通过普查的方式来掌握第一手资料，建立工业遗产的普查清单。事实上普查工作也是对工业遗产重要价值的发现过程。

针对工业建筑的调查主要有两种情况。这里将以对近代的工业建筑单体进行调查为例进行讲解。首先，可从地方志和相关产业发展史册、文献及历史档案中将近代的工业建筑进行粗略的登记，掌握最初的对象清单，再根据已掌握的项目总量信息进行深入化的研究。其次，根据对象的实际情况不同进行分类，甄别出保存完整、具有一定历史价值的优秀建筑，作为未来重点研究的对象。这一过程的本身就是对项目清单的一个筛查，针对挑选出来的优秀工业建筑进行深入调查，进一步汇总建筑本身及其周边环境的相关信息。在收集的过程中大量的借助图书馆、档案馆和相关厂矿单位的资料室。在调查的过程中要通过文字、照片、影像和测绘图纸等方式进行记录，建立新的

评估档案体系。详细了解工业建筑的历史背景、地理位置、原有使用状况、形态特征、基础设施、产权关系等各方面的资料，特别需要重视与该建筑相关联的重要历史事件和历史人物，这些因素都对未来建筑的评估产生重要的影响。同时，对于建筑伴随历史发展过程中所发生的重大变革（包括产权变更、生产功能变化、建筑空间结构变化等）因素也要进行详细的登录。最后，调查者需要建立一个普查的专项调查表，将相关的详细内容体现在表格之中，这样做可以使得工业遗产的真实性和完整性得到充分的保证。

对在前期调查过程中所挑选出来的具有较高价值的工业建筑进行系统评估是至关重要的一步，评估的目的是要根据建筑的目的、价值的不同进行分级定位，根据定位不同则采取不同的保护和再利用方式。作为评估的依据则需要建立工业建筑遗产的价值评估体系，评估的标准应与国际标准相一致，用于工业遗产的各项申报工作。同时在标准的制定上，应充分体现工业遗产的特殊性，评估的标准则是由相关领域的专家来制定。制定时应将建筑的发展历史、科学价值、艺术价值以及周边环境的影响等因素作为评价的主要标准。评价体系应从对建筑单体自身的关注过渡到对其周边环境的整体关注，对建筑的价值认定也应从其承载的历史价值逐步向可利用的多元化价值过渡，同时评价的标准也应从对建筑及其区域所承载的物质实体价值逐步延伸到涵盖情感价值的多元价值体系中来。事实上对于评估体系的建立是对工业遗产一种客观量化的鉴定。但是，在对其进行登陆之前也应广泛地听取社会各界（政府管理部门、广大市民、相关专业人士等）的建议。寻求社会多层面人群的关注与认可，从而形成全社会对目标及评价标准的广泛认同。

在对工业建筑的整体价值进行等级评估后，应相应地进入登录阶段。登录的权利则由政府主管部门进行统一管理，以便和城市的发展、规划相统一，登录的结果将作为工业建筑遗产保护与再利用的重要前提条件。同时，对所登录的建筑要有具体的保护与管理措施，防止在城市发展的进程中出现肆意破坏和方法不当的现象。对于登录的工业建筑遗产所进行的所有改造和开发行为都必须经过管理部门的许可，对其建筑外观的拆改扩建和建筑内部的装修改造也都要通过相关的报批手续。登陆建筑的所有者有责任对建筑进行修缮与维护使其保持在良好的状态。当登陆建筑处于紧急修缮状态时相关管理部门应将“修缮通知”通知给业主及建筑使用方，以确保相关工作的顺利进行。

三、再利用的控制机制

在对工业建筑遗产的价值进行评估登录后，工业建筑遗产的发展方向和改造程度则要根据其现有的具体情况、可允许改造的程度范围、工业建筑遗产所属地段的实际状况、改造后可能产生的经济效益与社会影响等因素的综合考虑来定夺。

对于工业建筑遗产的再利用，应先对其作可行性的研究，研究的内容应针对建筑周边的环境、建筑物及其设施的完好程度、使用功能的完善程度三个方面展开。而对于建筑周边的环境应该从大的城市规划发展角度，并结合市政设施的配套改造、施工条件等内容，进行实例调查。不同的再利用方向将对建筑周边的环境产生不同的影响。如果建筑周边环境大体保持不变，则再利用的方式应充分依赖现有的社会构成关系和经济基础，这样才能保证新的功能有其可依赖的社会土壤和经济条件。如果周边的地块也处于城市大的发展更新过程中，那么同样会面临二次更新的过程，所以工业建筑遗产的改造方式要与未来大地块的发展动向保持一致，让其成为拉动城市区域经济复兴的重要驱动因素。这也就说明在工业遗产建筑面临再利用的过程中，多样化的利用方式更多的是取决于周边发展的需要，不能以建筑形态作为再利用方式的唯一衡量标准。对于建筑构件的完好程度应从建筑的结构与安全角度进行调查，工业建筑大多经历了较长的历史时间，服务对象则以工业生产为主。对其安全程度的标准和结构质量的优劣大多遵循工业生产的需要，而改造后的空间则以服务人的工作生活为主要对象，这两者之间存在认定标准上的差异。可行性的研究也就是要尽可能地去弥补差异的存在，通过对建筑所产生的破坏和耗损进行必要的修缮，使其能够满足新服务对象的要求。由于建筑的形式是追随功能而建的，其功能一旦减弱或消失，建筑的形式通常也就丧失了存在的意义。再利用的可能性告诉我们，只有对再利用建筑空间形式进行全方位的深入挖掘，才可以发挥出工业建筑空间可塑性强的特点，为未来建筑空间的改造提供更大的可能性。再利用不仅要满足建筑单体的微观改造成果，同时还应考虑到其长远的、宏观的发展方向。在对工业建筑遗产进行硬件的可行性研究时还应兼顾到该建筑区域所属城市的人文特色以及市民情感等软性因素。

再利用的功能定位分析。目前，我国的工业建筑所呈现的类型十分丰富，但从整体价值上，基本可以划分为优秀和普通两大类。出现在优秀历史建筑名单上的工业建筑大多具有丰富的历史背景、较高的艺术价值和科学价值，属于需要重点保护的一类建筑。在对这类建筑进行再利用时，要保护其初始形态，对破坏建筑形态的附加物及其周边的违章建筑应予以清理拆除，通过适当的保护性修缮，还其原真性。同时，再适当引入新的功能，使其在保护原空间形态的基础上得到功能上的延续，这是此类建筑最常见的再利用方式。作为非保护类型的普通工业建筑，这类建筑数量极大，很多建筑甚至是以工业片区的形式出现的。它们在城市发展过程中已成为产业发展的实物载体，是城市历史片段的重要记忆形式，因此我们需要研究如何将大量的普通工业建筑通过再利用的方式重新焕发生机。普通的工业建筑遗产虽然在科学和艺术价值上没有突出的体现，但是其空间的形态具有多样化的再造可能，这就需要建筑师通过寻求一种适当的再造方式，使其产生新的价值。无论是具有何种价值的工业建筑遗产，都需要遵循价值再创造过程中价值最大化的原则，都应充分尊重原有建筑的形态，根据每栋建筑不同的自身特点，最大限度地利用原有建筑所承载的重要信息，追求最佳的改造再利用方式。

工业建筑在城市改造的过程中应与城市的整体规划、产业布局紧密结合。工业建筑往往占据城市中较好的地理位置，多与周边的商业区和居住区混杂在一起，且占地面积较大。所以在对其进行再利用的功能转换时，其转换的趋势往往不是取决于建筑自身的特点和功能，而是与其所在地的整体规划、土地成本和产权关系存在着密切的关系。这些因素往往都直接影响着改造的方向。对于新功能的植入是否能对区域经济产生有效提升，城市发展过程中是否受益，往往作为先决因素考虑，其次才涉及建筑改造后的形态是否具有特色和吸引力等问题。改造的过程也必须遵循这种先服从宏观的调整，后体现微观特点的判断标准。如果对工业建筑遗产盲目地进行改造开发，使开发定位脱离了区域环境的现状，往往会造成在初级阶段作为时尚和新潮的卖点，来吸引人流和商家，但在后期，又会由于缺乏整体环境的支持而陷入衰败。所以说，在考虑工业建筑遗产功能置换的问题时，不能单纯地以建筑单体为目标，而是应该在城市发展的限定条件下，有针对性和着眼于长远规划性地改造、利用建筑空间，使其具备更长久的生命力。

工业建筑遗产由于其原始功能主要是服务于工业生产，空间形态多呈现出简洁、开敞、高挑的效果，但是对其进行功能转型时要把它打造成能够吸引更多人群，注入新的商机和功能形态，就要对其进行更多的富有人性化的空间处理，使这些老厂房、旧仓库能够更加贴近大众的生活方式，满足人在这个与新功能相匹配的多元化的空间形态场所中的多元化需求。同时，在改造过程中应多关注环保节能的问题，避免由于工业建筑结构粗糙、空间开敞而出现的能耗较大的弊端。在改造过程中首先应该对基础设施进行全面的评估，充分利用原有设施的功能并结合新的使用需求，从结构安全、消防设施、防水防潮、采光通风等方面做好工作。

对于历史建筑再利用的相关设计，其核心和重点是保护与传承。很多历史建筑在进行具体改建的时候会有很多限定的条件，因此对于不同的历史建筑的不同限定条件，不同的设计师有不同的理解。尽管包含很多强烈的主观性，但这些理解大致还是遵循了一定的立场和原则，如丰富历史建筑文化内涵，促进建筑类遗产保护与利用传承。只有明确各项要素的取舍范围，才能设定哪些空间范围允许新要素的介入，才能体现新要素要在什么规模内保持才能充分地尊重和符合被保存的各项旧要素。

工业遗产建筑架构大，承重条件好，一般都具有开敞的空间，所以再利用设计中具有一定的适宜性和普通性，再改造的过程中尽量保持建筑的立面和外观，在保留原有建筑的骨架上做新元素的延伸，保护传统格局肌理和植入现代艺术元素，突出工业遗产保持与传承，由于工业建筑的改造工程造价相对比较低，建筑改造过程中应趋于最有效、最简单、最直接等设计改造方式来充分地融合新旧两部分建造，少量的变更原有工业建筑，有利于保护建筑的再利用和降低费用。如对于原本框架就具有优势的工业建筑来说，可以通过两种手法来对其进行再利用的改造设计，一种是保留好的完整的建筑框架，将老化的、腐朽的、有破损的部件及有污染的部分进行去除或清理；另一种则是针对破损残缺但有很高实用价值、保留价值和艺术价值的部分，对其运用现代的技术与艺术进行修复加固，保证其能继续安全正常地使用和观赏，体现文化艺术、经济历史价值。

在保护与再利用改造设计中，只有对旧元素正确理解，才能更好地融入新元素，有利于充分地用现代设计的表现手法再现旧有元素的历史风貌。工业遗产建筑由于其个体在历史变更中的多变因素，往往表现出来的历史情境也不相同，再高超的修复技术也无法完全恢复它们的原始状态。所以新元素介入的目的是保留原有建筑形态特征，且升华和弥补建筑的现有缺憾，是一种运用当代人文情节来展现建筑历史特征的设计手法。对于新增加的部分，要在达到即使拆除这些新增设施，原有建筑依旧不会受到大破坏。现代建筑设计风格以及建筑材料的多元化，让现代建筑形态也得到了多样化的展现，只有将改造建筑中的新旧元素合理地共生，才能让每一个改造单体都呈现出其个性化的设计创新。在政府宏观政策、企业有效实行、专家给予大力指导的原则下，鼓励企业对近代工业建筑进行维护、翻新和再利用开发等，使保护与经营者通过工业建筑的历史文化、自身可创造的经济价值和新的功能定位等来长期受益，在保护近代工业建筑的同时充分地获得经济上的支持，才能更好地实现工业建筑的保护与再利用的可持续发展。

四、规范保障机制

广泛地建立正确的保护观念。城市工业建筑遗产的保护是一个系统的、有计划性的、开放的实施过程，不应当仅仅局限于某一区域或者某一类型的建筑。提升工业建筑遗产的空间环境价值，需符合城市整体的文化发展战略。城市工业建筑遗产的保护很大程度上依靠于政府的保护政策，但是如果缺乏对这些建筑合理地改造和再利用，工业建筑保护与传承是无法长久维持下去的。根据相关的保护条例，在近代优秀历史工业建筑、建筑群落以及建筑集聚区的保护和规划中，应当规划出一定范围的工业遗产历史风貌保护区，对规划出的保护区进行植入新功能的再利用，赋予旧工业建筑区域新的发展方向和发展途径。

健全相关管理体系与立法机制。随着各个城市对工业遗产保护与再利用工作的不断开展，工业建筑的相关保护和再利用的实施需要一个完整的管理体制和立法机制来支持和约束。所以一个完整的管理和立法体制已经成为我国大部分城市在遗产保护方面迫切需要解决的问题。特别是在相关条例中，是否允许在保护区域内招商引资，以及招商引资的各项细则要求，将直接影响到工业建筑的保护与发展。同时，各种类型和不同程度的旧工业需要修缮和保护，维修、保护费用限制等都需要相关的明细规章。因此将工业建筑的保护和再利用的工作建立在有独立管理机构负责的机制上，这样对工业建筑遗产的保护工作才能真正切实有效地实施，才能让工业建筑遗产在各个城市中有活力、有内容、有依托，再生持久地发展下去。工业建筑遗产的有效保护和再利用不仅能有效地增加城市区域的魅力和特殊性，还能增加该区域的经济效益和缓解就业压力。

建立专项规划体系，实现工业建筑遗产的整体保护和规划重点强调对工业建筑的科学鉴定。在城市范围内划定工业建筑的遗产保护范围，采取统一的管理操作标准、明确有效的保护措施和切实的操作依据。针对工业建筑的特殊性应当制定相应的管理方式和运作手段，其中包括对再利用的工业建筑遗产进行相应的综合评估，再利用区域的确定和划分，实施计划书的拟定、制定，以及相关测绘图纸的批报、验收与监理监控机制等。

关于工业建筑遗产的全面调查是急迫的，部分工业建筑遗产确实具有相似性，应当针对不同区域的不同工业建筑遗产，因地制宜，充分地考虑保护和再利用的工业建筑遗产所在区域的特色性，再针对其特色性进行合理的规划保护和再利用。所以，在对工业遗产进行规划设计前应当全面进行调查研究，在结合调查研究充分论证的同时，还需要明确控制、保护、再利用的范围。调查后，在对工业建筑遗产进行简单的维护维修时，应遵循使其能维持基本的现状，尽量保持其原有的建筑构造和建筑历史特色，不得任意拆除或损坏其原有构造、构筑物，等用地的调整和开发方向确定的时候，再对其实施最终的规划、保护、再利用的相应设计措施，有效地对改造对象进行全面的设计、功能置换。

建立市场经济为主体的参与机制，在工业建筑遗产的保护与再利用的过程中，经济上的支出是必不可免的。在政府给予政策上的保护和资金支持的同时，有必要吸引民间资金的参与。有效的资金引入还得建立市场的有效鼓励机制，此机制包括专项基金制度、税收、土地的使用、规划手段、产权的交易政策、鼓励捐赠、其他收益等。其中专项基金制度，即将工业建筑保护纳入各级政府的财政预算中，确保基本上保护资金的落实，由政府决策机构设立对于工业建筑保护和再利用的专项基金会，或者从规划部门设立专门的工业建筑保护和再利用的管理部门，这部分主要的资金来源于土地使用权转让的转让金税收部分，也可接受行政的专项拨款资金。另外也可以学习其他国家和地区的成功经验，如发行专门性的奖券、彩票等，积极鼓励社会闲散资金融入优秀的工业建筑保护和再利用。

首先，对于政府所能建立的有效鼓励机制，税收是其中主要的经济激励手段。工业建筑遗产的保护和再利用专项管理部门应当结合各地区的本身情况，鼓励民间资本相应地投入到保护的行动中去。比如对营业税、所得税、印花税等的减免都是可实行的方式。事实上，工业建筑的保护和再利用绝对不能忽视一个重要的问题，那就是土地使用性质的转变。建筑的保护和再利用使大量房产交易包括建筑再循环等行为都伴随着土地交易的发生，也就是说在每一次再利用的土地产权交换的过程中都有一定的土地税收，所以土地性质的变更方式以及土地所有权等问题，都对土地保护和再利用的投资、利益有着极大的影响。

其次，在有效的鼓励机制中，相应的规划手段也能促进和激励民间资本的投入。如工业建筑遗产所在的规划区域中区域产值较高，这就能有效拉拢民间投资和建设。再者利用经济的杠杆手段来促进对工业建筑遗产的积极保护，在制定规划的相关政策时，应对涉及工业建筑保护和再利用的项目予以一定的政策上的倾斜。规划手段运用的目的主要是在于鼓励开发商投资和参与到工业建筑遗产的保护和再利用的项目中。产权交易政策也同样是市场化运作的基本特点，产权交易政策的核定能够让保护和再利用的行为得到相应的鼓励和获得法律保障。另外，社会各界人士对工业建筑遗产的公益保护捐赠是一种非常良好的社会风尚，值得大力提倡和表扬。工业建筑遗产再利用改造后，对其的继续保护和再利用的资金也可从房屋租金、区域内商业税收、区域内交通收入、旅游门票和纪念品收入等形式中获得收益，这也是很好的支持政府实施对工业建筑遗产的保护和再利用政策资金收入的方法。

第六章　保护与再利用的基本原则

工业建筑遗产的保护与再利用已经成为当代中国主要城市建设发展过程中所要考虑的重点问题之一，在对其进行保护利用的过程中势必要与城市的整体规划、产业调整、经济布局紧密地结合在一起，不能单方面、孤立地考虑此类问题。工业建筑在中国发展的历史较短，但伴随着产业革命的发展，其发展速度迅猛，同时又由于其具有鲜明的时代特征和自身特点（空间上的适应性和功能上的兼容性）使其成为再利用的典范。在城市结构不断调整的过程中，旧有的工业片区也势必伴随着这种趋势获得新的生机。在这一发展过程中，如何在保持城市文脉、维系城市发展印记的前提下，为工业建筑注入新的活力、赋予新的功能，从而带动人居环境的优化和城市的可持续发展，并在开发过程中兼顾各方利益、保持常态的经济发展方式，是我们所要着重关注的一系列问题。

一、城市区域功能的调整与优化

当代中国，随着城市化进程的不断加快，原有城市的区域面积不断扩大、人口不断增加，导致早期所形成的城市格局与面貌已经无法承载新的城市功能。在城市的不断扩展中，大量的旧有工业区因生产滞后、空间局限等问题无法再适应现代化的生产要求，迫使大量工厂向城市的郊区迁移，通过新建厂区使之重新焕发生产活力，而遗留下来的工业遗产则因缺乏使用功能而逐步沦为城市废墟。同时要想使其整体区域重新与城市的功能相匹配，就必须注入新的功能使其焕发第二次生命。因此，对于工业建筑地块及建筑的保护不是靠简单的修缮维护，而是意味着新的创造，从而达到带动城市周边环境复苏的目的。另外，将工业建筑的保护与重新利用同城市新的发展契机结合起来，满足城市发展的要求，使它们焕发新的经济活力；对于城市区域经济的调整，也要充分利用工业遗产的自身特点和潜在价值，通过新的产业布局调整使其成为城市经济增长的有效手段之一，形成以工业建筑遗产为核心的经济带动点、历史文化点、人居环境点，从而辐射周边地区有效带动周边整体环境的改善。

国内各城市的钢铁厂是典型的工业遗产，涉及厂区的面积较大，因此在这类工业建筑的改造中可以采取不同的利用形式和设计手法。原陕西钢铁厂厂区的工业用地改造是结合教育产业园区的核心理念，将其一部分厂区打造为西安建筑科技大学的华清学院。陕西钢厂最早建于 1958 年，曾是全国十大特钢制造企业，为我国钢铁事业的发展作出过突出的贡献，辉煌时期在职员工达到 15000 人之多。20 世纪 90 年代，陕西钢厂逐渐衰败，最终只有通过破产拍卖寻求出路。而由西安建筑科技大学主导的开发公司通过收购产权，将其打造为西安建大的华清学院，在工业建筑的再利用方面探索了一条新路。截至 2009 年，在原址上先后完成了 1 ～ 3 号教学楼、大学生活动中心、图书馆、教研楼、实验室等接近 50 个工程项目，对旧工业建筑利用面积达 30 万平方米。在建筑利用上将建筑体量较大、空间开敞的轧钢车间改造为教学楼；煤炭堆放区则改造成运动场；建筑造型独特的煤气发生站则改造成学校配套的综合服务区；仓储区有效地利用成住宿区。保留了厂区原有的工业构筑物（例如：烟囱、水塔、排风机、蓄水池等），园区内多年生长的植物也被较好地保留下来。该改造项目有效地将学校的教学生活硬件设施与原建筑的特点结合在一起，改变了原有厂区衰落破败的景象，合理利用建筑的自身优势将其改造成为设施先进、功能齐备、具有独特工业景观文化的大学校园。

在城市的功能调整过程中，有几种不同的开发策略。以市场为核心导向的旧工业区的开发，主要是以刺激经济复兴、增加投资和就业机会、改善工业区产业环境为主要目标。这样的开发项目，是一个动态的持续发展的过程，在整体区域的协调发展中，经济在其中所产生的促进作用是十分重要的。这类开发模式注重土地的经济效益，主要是通过土地的升值来带动区域经济。项目大多偏重于以住宅社区、现代企业、金融服务行业为开发的主导方向，其项目投资多以私人开发商为主并以市场经济为导向。同时，在项目实施的过程中需要政府提供相关政策上的指导，对周边环境的基础设施进行相应的投资。通过政府与私人企业之间的配合，发挥经济优势，调动市场的积极性，从而改变原有工业区经济衰退的面貌。用新产业带动整体经济的发展，实现城市中旧工业地块的复苏。

以社区的自我完善和发展为目标的发展方式，在维持原社区的基础上作渐进式的调整与更新，在旧有的工业区中引入社会服务业、创意产业等新的功能，将这些产业的注入用以改善目标工业区的旧有环境。传统的工业区和居住区之间存在着一定程度上的分离，但服务性的行业却十分贴近市民的生活。因此在整体保留原居住区的条件下，对生产区进行开发利用，将其打造成整体的集就业、居住和休闲于一体的现代社区的综合场所。值得重视的是，在旧的工业区中必须使社会底层的居民在新的社会功能中寻找到就业的可能性，使社区的自我完善建立在初级就业市场上，使之为大量失业工人提供再就业的帮助。

以文化艺术为带动手段的发展方式主要是指运用文化和艺术的资源促进城市发展，使城市呈现出新的面貌。在发展的过程中强调社会的人文复兴与经济复兴的并重，将文化与艺术的特色作为拉动城市发展的驱动杠杆，将文化艺术作为手段在开发项目中主要体现在三个方面。一是通过城市新建的文化设施来改善城市形象，以文化艺术带动其他第三产业的发展，发展文化旅游业从而增强城市的魅力。在这一方面，西班牙的毕尔巴鄂市成为利用文化艺术提升城市发展的典型案例。毕尔巴鄂原是西班牙北部的港口城市，它和大多数产业城市一样都经历了工业生产从兴盛到衰败的过程。面对“衰败中如何进行自我救赎？”的问题，当地政府聘请建筑师弗兰克•盖里设计了标志性的文化建筑古根海姆博物馆。通过重要文化设施的修建使其成为城市中新的亮点，逐步地改变了城市的功能定位，以此为龙头带动了整个滨水区相关产业的发展，使其变为以文化艺术产业为引领的新型城市，奇迹般地使衰败的工业城市得到复苏。

二是以环境生态改善为基础的发展方式。旧有工业建筑区的生态环境发展与城市的整体环境提升密切相连，塑造好的生态环境不能仅仅视为生态系统的简单维护和环境污染的综合治理，而应该被看作城市持续发展的一个重要组成部分。旧有工业区土地大多受到严重污染，对于棕地生态的治理已作为一种城市发展的理念贯穿在整个工业区的复兴过程之中，也成为城市环境生态化的自我更新自我修复的重要方式之一。对废弃的工业地进行生态化的修复，包括土地质量的改良、植被的恢复、水质的治理、人工湿地的再造，以及对采矿区进行土地的复垦等。德国的鲁尔区对长期受到污染的河流进行了重新治理，用地下排污管线与污水处理厂相连，重新规划河道水系，以地方的自然生态为基础建立动植物栖息的家园，以自然的方式渐进式地改变被污染的工业用地。土地的不断修复为城市环境的提升和环境新功能的植入提供了更大的可能性。生态城市应该拥有适宜的环境、经济的平衡发展、健康安全的社区环境和促进社会公平的就业岗位。它与传统的商业开发模式有着明显的不同，是以一种人类社区环境的居住需求和良性的循环发展为前提条件，以长期的自然生态回报为目标建立的城市生态体系。三是以工业遗迹改造作为手段，促进工业区项目开发。工业遗迹有着其自身独特的魅力，能够引发不同年龄段人群对其产生关注，其特有的机器构架、生产工具和构成场通过艺术化的再造与处理，避免了简单拆除、废弃的命运。通过将其处理成为景观生态中富有趣味性的雕塑构件，其独特的寓意与造型与工业区的整体氛围融为一体。

二、建筑功能的调整与置换

“修旧如旧”在对工业建筑进行改造时，应最大限度地保持其原有形态的特色，实现其功能空间的再利用。在不破坏其真实性的条件下对其多实行可逆性的改造方法，对建筑的破坏和影响必须降到最低程度，而新加建的材料与结构应能够与原建筑有清晰的区分，使建筑呈现不同时期的改造痕迹。对建筑场所中丧失使用功能的生产设备，应进行艺术化的再处理，使其尽可能成为改造后新功能的附属元素。巧妙的艺术再造可以使其转变为新的存在形态，改造为一种艺术性与趣味性兼具的工业艺术品。例如，位于上海虹口区的上海工部局屠宰场，由英国设计师巴尔弗斯设计，1934 年投入使用，曾是东南亚一带最大的屠宰场。随着时光的变迁，该工业遗产建筑一度荒废，周边环境也一度遭到破坏，形成污染严重的落后居住区。2006 年，上海市对其进行新的产业调整，力图将其打造为创意产业的文化聚集区。项目对其主体及周边建筑都进行了重新规划，通过对建筑立面的翻新以及周边棚户区的拆除、河道水源的净化处理，使其整体环境有了质的飞跃，实现了优化生态环境、人文环境、居住环境等目的与要求。

三、综合利益因素的参与与平衡

城市工业区的改造以及工业建筑的更新都与城市的形态紧密地连接在一起。一个城市的文化特征往往是通过若干历史片段连接起来的，这些历史片段里包含了物质因素、社会因素、文化因素和政治因素。在城市的更新改造中往往是多方利益关系相互综合的结果，发挥政策导向、市场需求、公众媒体和设计师的作用，是改造工作成功实施的重要条件。任何一个改造项目它所涉及的并不是单方面的需求与利益，而是社会多方因素，是多方利益相结合的最终产物。在综合利益的平衡中，主要从政府的利益需求、市民的利益需求和开发商的利益需求来综合考虑、进行利益的平衡。因此，政府作为城市开发整体项目的决策者和政策的制定者，在项目的开发过程中，要重点考虑是否能有助于城市经济的发展、增加城市就业岗位、使综合环境有所改善、为财政经济增加更多的税收、使城市更具有吸引力、增加投资活力。在项目的执行过程中，政府应更多地以市场规律为主导，避免独揽大权、主观决断现象的出现，扮演好监督者与服务者的角色，更多地制定相关优惠政策，扶持改造项目的健康发展。而作为广大市民，特别是工业区的原居住群体，他们往往是项目直接的“受益者”。项目的改造开发是否能最终成功、为原居住者所享用，在开发过程中，对于居民的利益保障是否充分，环境是否得到根本的改善，这些都是广大市民所切身关注的。而对于开发商而言，经济的回报是首要考虑的因素。通过新项目的建设使土地增值，从而持续营利，是开发商的首要考虑点。在项目开发过程中，开发与保护如何兼顾，经济效益的追求与城市文化的保留如何协调统一，商业利益与居住观景的优化改善如何和谐处理，这些都需要开发商在利益权衡问题上进行综合考量。从我国已进行的旧工业改造项目中可以看出，只有在开发项目的前期经过充分的调研考量，全方位挖掘工业遗产的潜在价值与文化特征，并结合其自身的特点深度地引入新的功能，才能使各方利益达到平衡。与此同时，以项目的长期回报为立足点，综合提升周边区域的基础设施环境，并要求政府给予政策上的扶持与优惠，力图建立良好的管理机制和服务体系。如建立亲近和谐的社区关系，使周边区域与新打造的项目和谐共处，更好地焕发出开发项目的活力，使项目能够得到长久的发展。

第七章　保护模式分析

对于工业遗产的保护模式，从微观上讲，主要体现在工业遗产的生产设备、制作器具以及用于生产的加工厂房、仓储空间等各种形态的工业建筑。从宏观意义上来说，可以延展到大片工业用地及相关的工业建筑群。保护的形式也呈现多样化的趋势，主要是根据保护的目的不同选择不同的发展路径。

一、再利用的模式

1. 开放的保护模式

以广泛开放的保护模式对工业遗产进行保护主要是将其作为面向大众开放的场所，让大众通过参观、游览、体验工业遗产的空间结构、造型特点、生产工艺和历史痕迹逐步地体会到其中蕴含的价值。工业遗产的开放保护，也是在保护形式中最常见的形式之一，只有通过与民众的交流，才能赋予其存在的意义，体现其内在价值。开放的保护模式主要包括两种途径。一种是作为工业遗产的博物馆或展览馆的形式进行保护，大众主要以参观、学习、游览为主。在这类的保护形式中主要是针对各类工业生产的工艺流程进行传承保护，将有价值的生产设备、加工工艺作为工业遗产，结合对该工业遗产发挥过重要作用的人物和事件进行展示。我国台湾省高雄市的桥头糖厂就是这样以开放保护模式存在的。这座已拥有百年的制糖历史的制糖厂，是台湾第一座现代化的工厂。全厂占地面积 29.03 公顷，厂区内集生产、运输、办公和居住多种功能于一体。现在虽然已经停止生产，但现存的工业建筑遗迹，如红砖水塔、防空洞、桥头文史馆、日式木屋等重要的历史建筑均保留完整。制糖厂 1999 年停止生产后，厂区被重新利用，并在2006年改造成为一所制糖博物馆，是台湾第一所也是唯一一所向人们展示传统制糖历史的博物馆，已成为工业旅游参观的游览场所。桥头糖厂的原有仓库一直处于废弃的状态，经过改建后形成了“糖业文化”主题博物馆。内部展区分为糖业历史区、台湾糖业公司的发展与前景的展示区、制糖文化与生活区、务农耕作技术区、糖业运输解说区、人文小剧场六个部分，里面展示了各种有关制糖工厂发展历史的旧图片、文献资料、生产工具和文物等。通过这种以博物馆形式的保存，将工业生产中的重要技术资料和先进工艺展示给大众，又通过学习游览的形式，将传统工艺的流程进行传承保留，并充分利用室外空间，将其作为“广场器具展示场”用以展示大型的农械机具。将这些废弃的工业构件放置在场地内，经过艺术化的加工和处理呈现出全新的创意形态，并在改造过程中保留了原有厂区内用于运输甘蔗的小型火车——五分车群和铁轨，使这些原有废弃的交通工具，经过艺术手法的处理，成为游人观光旅游和休憩玩耍的绝佳之处。另外一种开放式的保护形式，主要是以商业经营的模式对工业遗产进行保护。这类保护主要是将建筑物的整体形态作为保护对象，一般只对建筑物的外立面和室内空间做保护性的恢复，尽可能多地保持建筑物原有的历史形态。建筑空间内部则应当做适当的改变，以满足功能上新的需求。例如，打造成为艺术家工作室、设计创业机构和富有工业感的时尚餐厅等。通过人们在建筑空间中的活动，以及对建筑新功能的体验与消费，从而感受工业建筑形态与现代都市生活之间的潜在联系。使在建筑结构不受损害、空间形态基本保持不变的前提下，赋予其新的功能形式，从而使其建筑遗产的价值得到挖掘并起到保护的作用。

2. 封闭的保护模式

工业建筑遗产的保护，除了广泛开放使用外还有一类建筑具备考古研究的价值，属于工业考古范畴的工业遗产保护。对该类型的遗产采取封闭式的保护，主要是用于相关领域的科学研究与考古挖掘。这类工业遗产大都具备悠久的历史，无论是遗产的建造形式还是生产加工的操作流程大都体现了其建筑所建造时期的先进建造水平，这些建筑遗产在该领域中有着不可替代的地位。然而，随着历史变迁，这类遗产大都在不同程度上经历过破坏，建筑厂房和生产设备都处于急需抢救保护的范畴。这类遗产一般不具备再生利用的可能，大多只作为封闭的历史遗迹或保护单位进行保护，用以挖掘其丰富的历史价值。台湾地区炼瓦会社的打狗工厂（中都唐荣砖窑厂）最早建于日军侵华时期，直至 1945 年，当时的台湾省行政长官公署将其改为工矿公司高雄砖厂。1980 年，又改名为唐荣耐火材料厂，直至 1992 年停工，工厂不再生产。唐荣砖窑厂是台湾地区 20 世纪砖材生产工艺的重要见证，在厂区现有的建筑物中，八卦窑及烟囱的历史年代最为久远，制作方法细腻，保存相当完整，具有很高的历史价值及文化价值。同时工厂内各式各样的生产设备并存，可以看出各个时代砖材生产技术的演进变化过程，具备极高的工业考古价值。但由于其历史久远又久经战乱，很多设施都需要及时抢救，现在该工业遗址相对封闭，主要进行恢复性的修复。

3. 静态的保护方式

工业遗产的生产设备和加工流程是其重要的遗产价值体现。在对其进行保护时主要受到工业遗产存在现状的影响。根据遗产现状的不同，普遍存在着静态保护、活态保护两种形式。对于静态的保护国内外已积累了丰富的经验，它的可塑性与展示性效果较强；而活态的保护则作为一个新的研究方向和命题得到研究人士新的关注。在活态保护中如何将保护与生产有机联系在一起，以一种延续发展的方式对生产流程进行再现，是我们所要关注的问题。

静态的博物馆式保护方式一般为遗产类的建筑，往往失去了其原本的使用功能，大多处于生产停滞、厂区废弃的状况。对于这类遗产只能采用静态保护的方式，即对有价值的生产设备采用展览、展示的方式进行保护，并对其历史功能加以相关问题的描述、介绍。而对于生产制作流程则应整体进行保护，通过流程演示、交流互动的方式对其进行展示，使传统的制作加工工艺得以保留。沈阳铸造博物馆就是静态工业遗产中保留的典范，沈阳铸造厂建于 1939 年，其前身为日军侵华时期的高沙制作所，在铁西区东搬西建的城市改造过程中本应被拆迁，但是它承载和记忆了铁西工业发展的历史。在铁西区的开发中，铸造厂作为现存有限的生产遗存被完整地保留下来。2007 年 4 月，铸造厂结束了生产阶段，最终将其完整的一车间以博物馆的方式整体保留下来，打造成了展现老东北工业基地工业文化特征的铸造博物馆。铸造博物馆目前也是我国最大的工业建筑遗存，总面积达1.78万平方米，是以工业建筑遗存方式再现的博物馆。博物馆中展示了1523件铸造设备和构件，再现了铸造车间生产加工的场景，展馆内存放着重达20吨的钢锭模子、13吨的中注管、15吨重的铁包子等实物，基本保留了原铸造一车间的生产原貌，展示了铸造工艺的7大流程，还通过文字图片、音像媒体和形象再造等方式还原真实的生产场景。这种静态保存的方式，展现了沈阳工业时代的生产场景，同时更是大工业生产文明精神魂魄的再现。这种原真性的保留有利于人们通过实地的参观体会了解中国产业工人那种艰苦奋斗、锐意开拓的时代精神，而这种精神的传递往往是静态工业遗产保护的重要价值之一。

4. 活态的保护方式

在世界遗产名录的工业遗产中，仅有2004年申报的瓦尔贝利广播电台是以活态遗产的方式申报成功的，它也是现存唯一的基于电器技术建造的无线电通信站。在世界范围内，都提出了对工业遗产活态保护的关注，这种生产加工的延续恰恰说明了遗产价值的所在，其中生产流程也作为遗产的价值核心要素被凸显出来。对于遗产的保护能够体现其各个历史阶段的时代特征，简单的“冻结式”保护方式并不利于其原有功能的延续，在发展的前提下维持一定规模的生产运作，是十分难得的。福州马尾造船厂是我国最早的工业建筑遗存，其现在仍然在进行造船生产且发展态势较好。工业遗产在保护与生产并重时，首先要进行区域的划分，将散落在厂区内不同位置的遗产片区连接成片，再通过工业遗产旅游的形式，建立工业遗产旅游线路。同时，参观的旅游路线要采取相对独立的交通方式与生产区域分割开来，并增设相关的附属设施，以满足旅游参观的需求。

二、自身的适宜性

旧工业建筑的改造与城市的快速发展之间存在着一定的联系。这类工业遗存是城市建设发展的重要文化资源，是城市的发展和城市文化的延续载体。“变废为宝”是城市在发展过程中利用文化历史资源优势的一次契机，对旧工业建筑的改造可以从建筑自身和整体工业旧址两个层面来进行定位思考。建筑单体形式多样，可利用改造的价值空间较大并同时与城市的片区发展存在着必然的联系。而工业旧址具备良好的基础设施环境，为新功能的结合提供了较多的可能性。因而要从自身的适宜性方面考虑如何对其挖掘再造，充分发挥其适应性较强的优势，使之呈现出改造模式多元化的趋势，从而形成功能、形式兼容并蓄和空间形态丰富多彩的多样化利用模式。

1. 工业建筑的自身适宜性

建筑单体功能结构的适宜性在旧工业建筑改造的单体项目中，应充分尊重建筑本体的先天条件和其存在与衍生的发展过程，充分考量原有建筑在空间本体上的结构特点和功能属性。工业建筑虽然从功能上讲是服务于工业的生产、制造、储藏等相关环节，但是工业制造的种类繁多，不同的生产内容所要提供的和建造的空间形态相差很大，所以也呈现出工业建筑形态多样化的特点。同时，一些特异性的工业单体建筑，如水塔、烟囱、泵房、水池、储气罐等也都具有独特的外部造型和内部空间。在设计的过程中，我们应充分尊重这些因素，较好地维护或突出这些造型特点和空间形态，因为这些地方往往也是工业建筑历史特征和艺术价值的体现。同样一个工业建筑空间，可以将其改造成艺术家创作室、办公空间、商业展示空间等。说明建筑的适宜性也体现在适应多样化的改造方式上。但这并不意味着适宜性强的特点可以被进行功能的滥用，植入新功能时应尊重其空间秩序，使新的使用功能能够与原有空间秩序相符合，从而延展建筑的内在气质，只有这样才能更好地延续工业建筑在城市发展中的存在意义。上海的 800 秀创意园区的设计就很好地利用了建筑单体的原始结构特点。位于上海市静安区核心地带的 800 秀创意园区，前身为上海机电厂，其总建筑面积达 2 万平方米。园区将这些 20 世纪 50 年代的 15 栋风格各异的建筑划分为包括文化、办公和休闲的三个区域。设计过程中，首先对场地进行了全方位规划，将原先 120 米长的厂房削减掉了 10 米，将原先狭小的原广场得以拓宽，形成非常好的空间效果，使切割后的建筑在剖面效果上展露出工业建筑的框架之美。在改造过程中对原有结构框架进行翻新，将三角支撑的钢结构处理为白色，从色彩上将它与其他结构相区分。并采用玻璃幕墙的形式与原建筑进行结合，将工业建筑的内部结构外翻，粗犷的原始风格与现代的材料结合在一起，打破了原有封闭的工业建筑外立面。与玻璃材料的结合使其内部空间玲珑剔透地展示在世人面前，既增强了空间的趣味性，又赋予建筑以时代感。这种建筑立面改造具有极强象征意义，以一种充满活力的时代感自然地融入周围的街区之中，将工业建筑原有的隐性状态以一种凸显的形式表达出来。原有厂房的生产长廊，经改造后打造成时装秀场的T台，在设计上凸显了建筑的原有品质，充分利用其开阔的空间尺度和原屋顶的木质结构，打造了一个具有后工业风格的时装展示空间。园区中的创意办公场所由两栋较高建筑和四栋小型建筑围合组成，大小建筑空间的错落丰富了厂区内的空间格局，形成了宽街窄巷的独特空间感，以围合形式所呈现的办公空间，形成了自己独特的氛围，为创意人士打造了一个富有独特空间质感的创作场所。在整个园区中设计师还将原有的职工食堂、铸造车间和建于20世纪20年代的老别墅进行翻新，与时尚秀场相连接，打造了一个闹中取静的休闲广场，将三栋建筑围合起来开发成特色的餐饮休闲广场，集合了创意展示、艺术画廊和咖啡饮品等休闲功能。

2. 建筑群组合形式的适宜性

工业建筑往往以小片区群落的方式存在，在改造的过程中要强调建筑形态和空间关系的组织划分。特别是将新功能融入建筑当中，要充分地考量旧形式与新内容的结合。原始的工业建筑群只是为了满足单一的工业生产，因此厂房之间往往相对独立，空间的联系主要是靠地面上的交通流线的串联来体现。但是在新功能植入后，就要改变建筑的原有空间形态和组合方式，在展示和保留建筑原有的历史印记的同时，采用适度加建新的建筑附属体合并零散空间，如通过廊桥等方式联系建筑空间，建立由建筑相围合的错落有致的小空间形态。

建筑群之间的空间巧妙再塑是工业建筑改造中最为重要的问题之一，也是使之形态得到提升的重要手段。旧工业建筑的生命力不仅仅通过植入新的功能和简单的翻新手法进行处理，而且将其整体空间和组合形式的可塑性与新功能的需求和特点结合起来。同样的旧工业建筑群，由于对接的新产业不同，其再造的手法也会大相径庭。当今很多园区的改造中，都采用简单的方式将建筑立面用现代的手法和材料外包，使建筑呈现一种全新的状态。这种方式不仅会抹杀建筑的原有形态特征，更会割裂建筑与城市发展与人们情感的关系。并且，现代材料的整体外包也容易造成建筑内部空间与外部空间的错觉，使其无法形成内外风格的统一。在工业建筑群的空间利用上，万科集团在武汉打造的茂源项目取得了较好的效果。茂源是在五建集团建筑构件二厂原址上打造的项目。在这片厂区中遗留下来了许多建筑形态各异的工业遗产。该厂区有两个高达 18 米的水泥罐塔，大的厂房内部空间开阔主要的支撑构件是混凝土方柱，建筑的屋檐损坏严重，部分墙壁倒塌。有水泥搅拌站的小厂房，还有一些堆放物料的建筑，随着年久失修部分结构都已坍塌。面对这样一个再普通不过的旧工业厂区，如何去寻找它的再利用价值？如何拯救它那已褪色的历史记忆？如何重塑空间再生功能？这都是改造过程中需要考虑的。该项目作为地产开发的配套项目，主要用于商业宣传和展示，设计师想借用中国传统园林的空间形态特征和布局理景的手法，将其打造成一个具有工业时代感和传统园林意境相结合的庭院，以一种诚实的态度去保留城市的记忆。中国古典园林的空间形态与工业建筑布局存在着极大的差异，园林中的人文意境和空间构成是通过内向围合、中虚外实、层层递进的环境形式构成。空间环境的维护度较高，中间多以水体营造虚化的空间，周围的景物互为对景的方式，视线与流线具有流动的连贯性，空间的场景以层层递进的展开方式呈现。这些古典园林中的布局手法与工业厂区横平竖直以轴线为主体，相互之间直线连接的死板布局差异性很大。在进行空间再造时首先要对园林的布局手法进行抽象提纯，抛开其具象的构造形态和历史符号，使抽象化的布局语言在当下工业建筑的遗留空间中进行转换。通过空间围合、层次分隔、局部渗透、回旋理景等处理方式进行空间的再造。将原有的 100 米长的主厂房的主体结构混凝土柱进行保留，在中间设置园区的主入口。被保留的双排混凝土柱以一种空间阵列的方式矗立在临街的一侧，形成具有符号性的沿街立面，增强了空间的秩序感，使其以一种异态的形式展现在人们的面前。展露的工业建筑骨架更有力地突出建筑的内部结构特征，塑造出了一种工业力度美。混凝土柱廊由外部结构柱和内部砖墙表皮两部分组成。重复延伸的层层空间，在阳光的照射下呈现出极有规律的光影变化，实体与虚影的交融丰富了空间的纵深感，增强了空间的仪式性。黛瓦的具象表达以一种富有渗透性的过滤界面，表达出园林的空间公众性。在整体围合空间的中部，设计以核心虚空为理念打造了一片水景。水景成为整体布局中的一条分割带，使其两侧的建筑隔水相望，又相互映衬。水景的造型开合并转，中间通过亲水平台和廊道的形式将景观进行串联，并有竹林在中部进行掩映。亲水平台的设计则运用富有工业感的锈板做成折桥的形式。锈板所塑造的体块空间和斑驳的材质与工业建筑遗存的内在特征十分接近，形态的重构与整体环境更为贴切，在水面的虚空间中犹如被嵌入的立体雕塑。工业建筑群的内部景观布局采用了回环布景的处理手法。围合空间由外向内层层衰减，围合的尺度不断削弱。景观中的点景处理则由位于西部的两个 18 米高的水泥塔作为景观的构筑物，在环境中给人以非常震撼的质感。其他建筑则多处保持平和亲近的尺度，这种空间上形成的高大与低矮、震撼与亲和的对比，无疑在园区的规划中成为点睛之笔，使空间具有丰富的层次变化。工业建筑群空间形式的适宜性在这个改造项目中得到很好的体现，对于工业建筑群落原有空间布局体系的改变，应优先于单体建筑考虑。运用适宜的改造理念，充分发挥不同构筑物建筑单体的造型特点，植入新的景观元素，使用巧妙的布局方式，使其呈现新的存在关系。在布局手法中，也应赋予新空间更多的情感关注，因为人与空间的感受所潜移默化形成的情感，需要新的设计语言和形态造型进行延续。人们内心情感的认同和归属感往往是决定改造项目是否成功的重要隐性因素，由新的设计元素所串联出的记忆碎片，往往能将旧有空间焕然一新。

建筑与城市发展的关联性。城市的和谐发展不仅需要有良好的物质环境基础，更需要多样化的文化形式和公正公平的社会机制。建筑与城市之间的关系历来是密不可分的，建筑是城市文化、技术水平、发展状态和文明程度的缩影；而城市又是建筑的载体，为建筑提供必要的土地、多样化的材料和丰富的周边环境。在城市的发展进程中，对旧建筑的更新和再造与新建筑的建设始终有着密不可分的联系。城市发展的进程中应该包有不同历史时期文化特征和建造特点的建筑，因而工业建筑作为其中重要的组成部分，在城市更新的过程中也越来越引起人们的关注。它已不再是因为单一的技术问题而引发人们的思考，而是它与城市之间的深层次联系和在变革中发挥的作用。工业建筑遗产也从过去相对封闭的内向型的建筑特质向不断开放多元化的利用途径过渡。在这一转化过程中，它势必将以一种新的形态，影响人们的生活，与大众之间产生更为亲密的广泛的联系。同时政府也往往通过旧工业建筑的再利用，实现城市的改善，创造更多的投资就业机会。许多工业建筑遗产也在新一轮的城市发展中成为供市民休闲和消费的场所。在这一变化过程中，应该构建好工业遗产与城市发展之间的关系，使其从多方面发挥积极的作用。如有些厂区原有封闭的围墙阻隔了城市与山体之间的关系。在原工厂搬迁后，相关部门原计划将这些工业建筑遗产彻底拆除用来改建城市绿地，使其城市与山体自然相连，打造一个容积率低、城市人均绿化率高的市民休闲场所。然而，这样的城市更新也无情地摧毁了工业发展的印记，对城市来说，其一旦摧毁将无法进行恢复。随后决策机构采取了“公共空间 + 公共建筑”的模式。工业遗产变身成了城市文化场所，其作为展示城市发展的平台，向市民开放。工业建筑，通过其形态的再造也成为这片休闲区域中的亮点，成为山体到城市的自然过渡空间，增添了城市中的趣味性。有序的开放空间能够很好地加强工业建筑遗产与城市规划发展的关联性。在建筑群的整体规划中，可以通过大的水面景观、绿地、公共艺术品等，将孤立的建筑相联系，用一种柔化的手段丰富了空间层次，同时实体钢结构连廊的设计也可以通过新功能的形式产生相互关系。这样的手法就巧妙地将原本孤立的建筑串联起来，开发打造了适于城市工业建筑改造的路径，使其变成有着外在形式联系和内在内容联系的有机整体。此外，在建筑的加建和装饰材料上也应与整体的大城市景观相吻合。新材料的引入也预示着工业建筑遗产在重新改造后将焕发出与新时代相一致的光芒，如在改造中还运用了大量的防腐木作为建筑加建的结构材料，这些天然材料无论是作为踏步平台还是建筑立面及屋顶的装饰，都很好地体现出清新自然的元素。这与改造后的建筑所处的城市绿地环境相吻合，与自然山体、植被产生了自然的联系。同时他们又都和原始的建筑外立面形成新旧元素的对比。例如唐山城市展览馆工业建筑群的改造，就成功疏导了城市的空间关系，使原建筑在新的城市环境中以一种自我更新的形象出现，将其打造成城市中独具个性的审美对象。

3. 工业旧址的环境适宜性

旧工业建筑群进行整体更新改造时，根据改造对象的需求不同，最终会呈现出不同的环境形态。旧工业区的整体空间具备极强的适应性，在早期为了满足工业生产和材料运输的需要，厂区的面积一般比较开阔，环境基础设施配套完备。同时大多工业遗产建造的时间较早，已经形成了适应其生产需要的环境景观。这一切也都成为园区规划改造中可再利用的重要元素。并且工业建筑的造型和结构规整简单、坚固耐用，多呈简单的几何形态，对其进行改造的可塑空间很大。

园区原有基础设施的适宜性在对旧工业园区进行重新规划再利用时，首先要对其园区内的基础设计进行调研和普查，对其使用功能的适应性和安全性作新的评估，挖掘其再利用的潜质。园区内的原有设施最初以满足工业生产的需求而建设，这些设施中有一部分可以作为通用性的设施进行保留，而一些针对工业生产所提供的服务设施则因与新功能的冲突将会被拆除或改造，并在其原有基础上加建新的设施来满足未来园区的基本需求。园区中的道路对其空间形态的形成起到了主导的作用，它也成为原有工人和新注入人群感知整体环境的重要途径。因此，在对旧的园区进行规划再利用时应尽可能地利用原有的交通系统并结合新的使用功能的要求，进一步进行合理化的疏导，从而形成新的交通流线。因为原有的交通体系主要是考虑生产功能的需求，空间尺度较大，对于人的行为活动和心理感受在空间尺度和情感关注上考虑不足，所以在再生规划中要根据旧工业建筑群的新功能定位进行重新调整，柔化道路空间的尺度感，丰富道路边界的关系，重构整体环境体系，形成与新功能相匹配的人与环境、人与人相互交流的适宜的外部空间。对于一些特点突出的工业旧址，例如城市铁路、海港码头等工业运输旧址，应该充分发挥其自身的特点，将原有的单一性的使用功能转化为与时代发展相契合的新功能体，并以一种新的存在方式，融合进现代城市发展的环境中。美国亚拉巴马的铁路都市公园位于亚拉巴马州的伯明翰市中心，占地 20 英亩，它就是在充分利用原始的旧工业仓库建筑群的基础上，将旧有的基础设施、路网结构与新的城市公园规划充分结合在一起，打造了全新的都市绿洲。新规划的公园恰巧就处于仓库和工业用地铁路高架桥的交汇处，是著名的铁路遗址的一部分。该遗址位于市中心，是铁轨和仓库聚集地，在 20 世纪 60 年代前，这里的钢铁生产工业一直都是伯明翰市的中心支柱产业，而如今伯明翰市却成了工业衰退地带。铁路将供应原材料的大炼钢炉与出售成品的市场连接了起来，随着钢铁工业的结束，铁路保留地的局部被废弃，留下了大片的空置区域，铁路侧线和仓库也都被荒置。铁路公园充分利用了市中心的大片空置地，将 21 英亩的用地延伸至四个城市街区，从而为该地区的整体改造提供了有利条件。大多数城市里的列车和铁轨都处于中立地带，它们不会参与到市民生活，并且人们也会将铁轨看作一种积极的值得保留的事物。而伯明翰市的铁路地带则不同于此，由于城市里并没有诸如河流、海湾等明显的地理定位特征，铁轨的布局则承担了该功能。长长的列车缓慢地穿过市中心，随着车厢之间的交替运作，“隆隆”的声音听起来如同波浪和激流般，每逢周末铁轨上方的高架桥上都会汇集大量游人，他们或是来此参观或是来举行活动，这让整个景点更具人文特色。公园的主要设计目的并不是让其仅仅成为一处主题性景观，或者说明性的点缀景致，而是让整体景观环境环绕铁轨与轨道相融合，成为一处具有直接性的感官体验的景观场所。

公园将一座 15 英尺高的铁路高架桥和一条现在仍在使用的路轨沟通了起来。公园所在的地势是全市最低的，这里原本是一处沼泽，后来被填充用来建造仓库和铁路线。公园的整体地形被重新规划，地形的充分利用成为现实设计目标的中心手法之一。设计师的主要设计观点是开发一条人造湖泊，形成水流体系，并可以用来蓄积雨水，当水流经公园的时候，可以对水进行生物性的过滤。人工湖泊的挖掘物料可以被用来在铁轨旁边建造小山丘，当列车呼啸而过的时候，乘客们可以欣赏到与其有着同样高度甚至更好的风景线。铁路高架桥两边安置了发光二极管，当火车行进的时候，这些灯光完美地刻画了火车的行动轨迹。人们站在山上，可以亲身体验火车穿梭而过时的景象，这在视觉效果和情感关注中兼顾了人的感受，使原有的工业印迹与市民的休闲生活结合在一起，形成了一种新的都市工业景观。伯明翰是一个美食与音乐之都，公园的地形设计也充分考量了该地域特色，在新的休闲空间中修建了一排小山丘，为人们提供了庆典与表演的活动场地。公园的设计经过了一系列审慎而颇具策略性的方案研究，包括美国城市土地利用协会对整个市区的土地调查，以及新市区管理规划针对促进城市发展与改善的主要策略开展的相关研究。经过研究，公园改造被作为都市改善策略的第一步。公园中根据公用设施和铁轨的布局需要，设置了一条主散步长廊，将公园分为东西两边。长廊的两边种植了树木，为路上散步的人们提供了荫凉，长廊的旁边还布局了各种展示型花园，景致优美。场地里有大量的粗石，以及 19 世纪的城市建筑碎石和铁轨用石，它们被利用来铺砌仓库的干燥地基。在项目的挖掘阶段，这些石料将被分类储存，用来填充石笼网。考虑到项目预算的限制，以及设计理念的要求，场地的所有墙体均采用由碎石填充而成的石笼网构造，既有效地利用了资源，又节省了施工时间。场地的顶部采用了色彩各异的玻璃格栅，在为人们提供了休闲场所的同时，也为公园的整体景致点缀了一抹亮色。

在旧工业厂区的改造中，还要将基础设施的更新与城市的文化历史相融合。数十年前，如同其他城市一样，伯明翰市区居民迁往郊区，导致市区的经济衰败。在此情形下，市区要发展，除了要克服历史遗留问题外，还需有充分的能力来对整个城市进行重装和规划，以及对重大事件进行妥善解决。受到以上因素的影响，人们潜意识里会将城市公园与旧工业遗产片区的改造当作一种判断标准，用来衡量该地区是否可以通过改造让自己重新焕发生机。园区景观生态环境的可塑性工业建筑园区的景观生态观景有其自身的独特性。由于前身为工业生产区，所以该区域存在着一定程度上的工业污染。在进行观景整治时，应充分考察其生态环境的质量，利用多样化的景观修复手段，充分根据其观景的可塑性进行综合的治理。特别是针对未来打造成游人活动和密集办公的区域，更要注重对污染物的处理。比如，煤炭矿产区域的污染物为多环芳烃，钢铁厂则有大量的重金属污染物，在进行处理时，一般对于受污染比较严重的表层土壤采用受污染土壤整体铲除、外移的方式；对于受污染较轻的土壤则可以靠生态修复的手段加以处理，充分消化和分解有毒有害物质。此外还可以采用深层掩埋覆盖的方式：深埋受污染的土壤，并在表层覆以清洁的土壤，然后种植大量植被。例如在德国杜伊斯堡的料仓花园的处理中，景观设计师将黑色的多环芳烃放入密封的袋子，通过污染物深埋配合土壤覆盖的形式将其打造成一个种植花园。利用专门的地下排水设施，收集污染物排放在地表的径流，避免通过雨水的渗透使污染物扩散。在工业区中有很多地段靠近城市河道，一般会通过湿地生态系统来达到水体净化的目的。由于工业区的形成时间较长，面积较大，在园区中已形成了不同形态的自然生长植物生物群落。而在对其进行改造时应充分利用这些生态群落的特点，充分体现自然界强大的再生能力。从生态角度看，野生的植物群落具备重要的生态价值，不仅能够体现充满野味的工业景观的特点，更为工业区的重建提供了生态改良的依据，与改良后的自然景观形成很好的对比。在进行景观体系的打造时，一方面要使用高科技手段和现代技术来进行，另外一方面要注重工业宗地的自然修复，构成两种方式相互依存互为补充的生态体系。这样做既可以保持原有工业生产的历史形态，避免完全的根除，又能够实现景观的再造体系，使整个地段在工业遗产的再利用的过程中焕发出新的生机，充分体现生态环境的可塑性。

美国西雅图煤气厂公园的原址是始建于 1906 年的一家煤气厂，该厂区于 1956 年倒闭，改造时间为 1972 年至 1975 年。它位于西雅图市联合湖的北岸，与繁华的市中心隔湖相对。在煤气厂改造中，景观建筑师理查德•哈格就充分利用工厂的原始形态对其结构和场地进行重新利用，以原始的工业生产遗址为背景，将其打造成一个工业公园。西雅图煤气公司的化工厂占地 20 英里。1956 年工厂衰败，其不再进行生产，导致长时间荒废，最终由西雅图市用债券收益和城市社区开发的补贴经费购买了此处工业遗址。1970 年开始着手再造，哈格将一座由污染的土壤堆成的60英尺高的山坡，并通过景观自我修复的方式，将其打造成为风筝山丘。同时，将公园中最明显的煤气厂遗址作为地标性景观，加以保留。其中锅炉房被设计成野餐的场所，放置了桌子和烤架，以前的真空泵压缩机改造成了儿童游戏室。原有的生产车间、输油管架也都成为地标性的景观构筑物。哈格在设计的初始阶段一直在思考要对这个地方做些什么，但是随着设计的不断深入，他的意图和理念发生了改变，就是想与原有的环境一起做一些事情，使其得到工业遗址与城市文化的共生。煤气厂的前身使土壤受到非常严重的污染，利用沉淀的淤泥和碎末草料以及其他的肥料，用以促进泥土中的细菌去消化沉积的化学污染物。对于工业废弃地的生态性修复要注重合理的资源配置，这也有利于降低项目的整体成本，原有物质和能量的循环再利用极大地挖掘了材料的潜能，使工业废料、矿山渣堆、残砖瓦砾都能成为景观再造的良好材料。

西首尔湖公园前身是1959年始建的污水处理厂，位于首尔和富川的交界处（该区域的工业设施因环境条件恶劣而臭名昭著），现已被转型为生态公园。该生态园旨在复兴该区域，提出尊重自然发展的过程，倡导能源与物质的循环利用和场地的自我修复。因提升了周围地区的生活水准，已成为一个城市公共娱乐休闲区以及用作城市交流与聚会的公园。其核心设计理念是新生、生态、交流。因此，设计师将公园与周边社区的边界重新设计，以提升可达性。公园特色区域是18000平方米的人工湖，这在首尔市区是很少见的。旧废水处理厂的这片湖面是原有湖面保留下来的，周边种植了植物，生长着小小的水生物。为了便于观察，设置了观景台、文化甲板和广场，置于湖与旧有的工厂设施建筑间。这里曾经有一段4米高的围墙，后为保证视野，这堵墙被推倒了。但附近机场飞机经过场地上方时会产生超过81分贝的噪声。设计师为了避免噪声，在湖中安装了41个垂直喷泉喷嘴，喷出水柱高达15米使多年以来烦人的噪音问题得到解决与改善。由此声音喷泉变得十分有名，许多人前来公园观看。设计师将北侧和南侧的花园混凝土墙和锈蚀钢板进行组合，用于修饰钢板支撑的种植槽配上植物也异常漂亮，力图在小面积的空间营造出私人花园的感觉。通过引进 Mndrian 结构，在里面建一个各式尺度的方形花坛。这些花坛垂直于水平交互，形成美丽和谐的景象。蒙德里安广场的星级景点是“多媒体艺术喷泉”，长 40 米，高 3 米，立面采用 LED 技术，是新生能源基地。

4. 园区工业构件的艺术多样性

在工业遗址的厂区中，遗留下来了大量的工业构建。这些工业构建主要分成两类元素：其一是用于人们生产和生活的加工厂房及其附属建筑，这些主要是以工业建筑的形态呈现；其二是满足生产要求的各种加工设备和运输工具。在对遗留的工业构件进行处理时多采用艺术化的表现形式，其主要是针对用于工业生产加工的机器构件。一种方式是将原有的零件、设备放置于公共场所当中，虽废弃了其使用功能，但仍把它当作工业雕塑或装置的形式进行保留。例如唐山启新水泥厂就将水泥生产的部分零件以一种现代雕塑的方式，矗立在园区的景观绿化当中，形成鲜明的空间属性的暗示。这种方式一般会选用具有典型特征的工业构件，以暗示原有的生产功能。另外一种方式则是将工业零件或工业生产的半成品进行拆分组合，利用其材质的特点，进行艺术创作的再造。这样的方式往往在改造后的空间中给人以耳目一新的感觉，例如在上海新十钢红坊创意园中，就将原有的工业零件通过艺术雕塑化的处理，焊接成一组正在前行的驼队，动物造型形象逼真。用工业构件组成的公牛和变形金刚的造型也都栩栩如生，展现了工业构件进行艺术再造之后呈现的造型之美。这种艺术化的处理手法改变了工业构件原有粗笨、斑驳的外在特点，通过将其赋予不同的形态，使人产生无限的遐想。例如在上海半岛 1919 创意园中，将原先纺纱车间的纱轮进行新的创作组合后成为一个动感十足的机器人。

三、再生策略

1. 整体环境重塑的可持续性

城市发展中遗留下来的旧工业建筑已成为城市建设所必须要面对的现实问题，旧工业建筑群的再利用可以很好地延续建筑的生命周期。通过进一步的修缮和安全维护，就能够使其达到再利用的可能。这样做就减少了简单拆除所附带的经济损失和资源浪费，也促进了城市文脉的延续和生态环境的改善。工业厂区整体环境的重塑，以可持续性发展的理念为先导，将厂区中的很多废弃物进行合理利用，避免大量的固体垃圾的产生。在很多工业建筑被拆除的过程中，形成了渣土、混凝土、金属碎块、散落的砂砾和大量废旧的装饰材料大量废弃物。这些都成为城市污染的主要因素，使城市的路面、大气环境、水体和土壤都受到不同程度的侵害。对这些建筑垃圾和废弃设备的处理也需要耗费很大的人力与财力。当今的社会，倡导物质的循环再利用，打造节约型社会，物质的循环利用是改善城市生态环境的重要手段。同时，从人的情感角度出发，也有利于旧工业建筑的更新再利用，保证整体环境重塑的可持续性。再利用的手段，一方面延续了人们的情感，新的改造扩建过程中所采用的新材料、新技术和新的建构手段又使新旧之间产生对比，产生了时间上的层次感，使人感到建筑的空间既有所延伸又赋予了新的创意，也形成了过去与现在的时空对比和共生；另一方面表现出了时间过程在建筑空间中的叠加与积累，使建筑的生命得以生生不息，这样就可以很好地使工业建筑以另外一种形式继续承载人们的生活，既满足新的使用功能又满足人们心里的情感诉求，体现出一种人与建筑之间的深度关怀。

2. 工业遗产再利用典型模式研究

从区域的视角，依据八大经济区域划分的方式对不同区域的工业遗产再利用发展现状进行研究。基于案例统计，首先对目前基于不同出发点的我国工业遗产再利用的典型模式研究进行了回顾，模式的划分方式众多，出于不同的研究与侧重点，有着不同的分类方式。基于研究的出发点，从工业遗产再利用模式的影响因素入手，分析了影响工业遗产再利用模式的土地集约利用、资源型城市转型、经济及产业发展不均衡、城市主题活动等方面的因素。结合大量国内外相关案例的研究成果，认为要以发展的眼光看待工业遗产的再利用，任何一种再利用模式都应该有利于工业遗产不断融合入城市的功能空间，成为城市新的驱动点或是发展的补充。其中，土地资源转化为资本是当前城市更新中符合市场经济规律的正确方向，土地资源的转化对于推动工业遗产更新改造至关重要，《关于推进土地节约集约利用的指导意见》由国土资源部于 2014 年颁布，在此政策背景下，结合当前城市土地集约利用这一热点问题，基于土地的再开发利用，研究将工业遗产再利用典型模式分为：旧城改造模式、历史街区更新模式、产业用地置换与更新模式。同时结合案例说明这三类不同的再利用模式的发展现状，探寻不同模式下工业遗产再利用的发展特点，并对所涉及的相关利益主体在工业遗产再利用中的行为（主要是与土地、地上附着物相关的行为）进行了研究，并探讨了对相关利益主体行为的制衡因素。

3. 既有模式划分

基于使用功能的划分。从根本上，无论对工业遗产保护还是更新，目的都是为了再利用，因此根据使用功能对工业遗产再利用进行划分是当前最为常用的模式划分方法。在综合考虑到工业遗产的历史价值、社会文化价值、艺术价值、技术价值、经济价值等多方面的基础上，基于价值的总体水平高低，将工业遗产按级分类，并加以改造和更新。这类划分方法中，工业遗产的价值与分级对待是其采取适宜的使用功能的基础。常见的功能导向模式有工业遗产博物馆、工业遗产旅游、公共空间营造、与新兴产业结合、教育建筑、居住建筑等。这种再利用模式划分的优势在于对采取同一使用功能的工业遗产进行分析和归纳研究，有助于对现状进行归纳和分析研究。相关研究表明有近 78% 的工业遗产博物馆再利用的对象均具有文物身份，其中不具备文物身份的仅 22%。这也反映出建设工业遗产博物馆的热潮，不仅仅只关注于具备文物身份的工业遗产，一般性的工业遗产改造为工业遗产博物馆展示陈列也正成为发展的趋势。

基于开发主导方的模式划分。工业遗产的规模从宏观上可分为分散型与集聚型两大类，与之相应的开发主导方也可分为政府部门与除政府外的社会力量，其中除政府外的社会力量包括了使用者与所有者两个大的群体。其中，以政府部门为主导的开发模式往往体现为由政府组织对工业遗产采取的集中式再利用模式，这种方式一般是根据城市发展要求对工业遗产进行再利用，出于公众利益的目的为主。这主要体现在两个方面上，首先在宏观层面上，对于大规模的工业带、工业区的改造与再利用中，由政府主导，编制相关的再利用规划，明确提出对原有工业建筑拆还是留的意见。通过将原有的工业区改造为集商业、文化、居住等具备多种业态功能于一体的大规模功能体，提升工业区的整体形象，呈现出大片区、大规模的再利用模式。其次在微观层面上，政府通过成立项目开发公司，对一些位于城市中区位较好的工业遗产地块进行改造，盘活土地资产，赋予其新的用途。这种自上而下的由政府作为开发工业遗产参与者与主导者的模式，对于工业遗产再利用是极为必要的，主要是由于在整合资源、协调各部门工作、资金投入等方面，政府部门具有极大的优势。将工业遗产再利用为某些公共服务功能的项目也只有政府部门主导才便于项目的操作与实施。如由原天津红桥地毯厂改造而成的意库创意街区，无锡茂新面粉厂再利用而成的民族工商业博物馆等。

以社会力量为主的自发式再利用模式。例如北京的798艺术区、上海的苏州河艺术仓库、广州的红砖厂，由艺术家挖掘到工业建筑的场所意义后，其集聚效应不仅暂时地保留了工业建筑，也将其价值向社会更多地展示，使社会各方面参与到工业遗产再利用中来，并且为相关历史资料的整理和汇编作出了积极的工作。如韩妤齐、张松（2004）主编的《东方的塞纳左岸——苏州河沿岸的艺术仓库》一书，对苏州河产业聚集区的发展进行了介绍，黄锐（2008）主编的《BEIJING798》对北京728电子元件厂的前世今生进行了细密的呈现，介绍了798的蜕变与重生，以及艺术家以“保护798”为主题而创作的艺术作品等。

在不同的主导开发方引导下的工业遗产再利用模式还会体现出不同的更新导向引发的再利用模式的不同。总体来说可概括为两种导向，一种是地产导向，或者说是经济导向，是指通过集合财务活动、土地收储开发、建筑或改造建筑实现使用和投资行为，不论是城市更新还是旧城改造很长的一段时间内所追求的是最大的地方经济回报，对工业遗产再利用的处理过于规模化、简单化和高速化。对工业遗产的更新更注重直接对资本的吸引和产生巨大的物质改善，由此带来新的经济活动。另一种是文化导向，通常是政府利用文化战略来提升城市的物质或精神形象，吸引文化相关的产业和就业。文化引导成为吸引相关人群和新兴产业业主进行文化产业投资商投资的重要手段。文化导向的方法目前非常流行，但没有比较统一的方式。文化导向下工业遗产再利用的模式有多种形式，其目的是以促进文化（创意）产业为目的和促进城市形象等为主。尽管缺少了大笔资金的资助，以文化为导向的方法更加注重对人的吸引，通过动员更多的社会团体参与，逐渐吸引社会资本和形成新的经济活动，营造城市空间环境。目前北京、上海、广州等一线城市多采用这种做法。

基于不同保护级别的再利用模式划分。基于不同保护级别的工业遗产再利用模式可宏观上分为文物类工业遗产再利用模式与文物保护级别较低的（非文物类）工业遗产再利用模式两大类。根据既有研究，按照我国现行的法律、政策对其他文化遗产的保护层次划分，工业遗产根据保护层级及规模通常体现为全国重点文物保护单位的工业遗产、重点历史地段的工业遗产和一般性的工业遗产。在对其编制保护再利用规划时也有不同的与之相对应的编制要求和策略。目前全国重点文物保护单位性质的工业遗产保护规划按照全国重点文物保护单位规划的要求编制与审批，重点历史地段的工业遗产常按照历史文化名城保护规划规范中的要求编制与审批。根据本次的案例统计，文物类的工业遗产再利用案例数量占总数的13%。

文物保护级别较低的工业遗产可分为两类：一类虽然具有较高价值，并通过文物普查发现并登录为不可移动文物，但并没有完成登记公布的法定程序工作，这类工业遗产不同于文物建筑，缺乏现行的法律保护依据，所在地又常发生土地的交易；另一类是根据价值评估后，确定为价值较低的一般性工业遗产。在市场化的开发条件下，目前这两类工业遗产再利用的设计编制策略具有明显的民用建筑工程型设计倾向，常采用的设计策略有两种：一种是编制一般性的修建性详细规划；另一种是由于工业遗产再利用开发主体的多元化需求产生的。近年来，有大量的工业遗产再利用项目得到开发指标和规划设计条件后或把握基地的总体空间景观框架和设计要素后，开发商或企业委托设计单位依据开发需求，对棕地进行工业遗产再利用相关建筑方案设计编制和提出相关策略。根据本次的案例统计，文物保护级别较低类别的工业遗产再利用案例数量占总数的 87%，也是构成我国当前工业遗产再利用的主力军。

基于再利用对象的划分。工业遗产的构成要素可分为物质要素与非物质要素两部分。目前的工业遗产再利用中工业遗产物质要素的主要组成部分可分为对工业遗产建筑物的再利用、对工业遗产构筑物的再利用和对工业景观的再利用。目前的工业遗产再利用主要以厂房、仓库为主，也有对少部分厂区留存有部分保存较好的具有历史沉淀和艺术价值的办公楼与宿舍楼进行再利用。由于工业遗产建造设计之时采用了当时较为先进的结构与建筑材料，现存建筑状况一般较为坚固实用。体量与一般的民用建筑相比一般较大，建筑内部的跨度、柱距较大，布置规整，内部空间具有相当的完整性和可塑性。例如上海苏州河北岸的创意仓库设计、无锡北仓门 37 号再利用为时尚艺术中心等。对工业遗产构筑物的再利用包括工业生产中一些形态特殊具有工业代表性的构筑物。如厂区中高耸的烟囱、煤气储气罐、水塔、炼钢高炉和电厂的冷却塔等。这些具备特殊外部形态的生产构筑物可以通过设计师发挥极大的想象力和艺术化的处理得到多种模式再利用。例如位于荷兰赖斯韦克的水塔改建、北京中国农业大学校园的水塔改造为咖啡吧的休闲交流空间、中山岐江公园内的琥珀水塔改造成为城市景观标志，以及万科房地产将位于沈阳中国人民解放军第一一〇二工厂等一大片原厂址中水塔改造为水塔展廊，成为一个提供给周围社区的公共活动空间和博物馆。对于工业景观的再利用则常体现为运用大地景观的创作手法，使其作为绿化景观或公共空间。对以上不同工业遗产再利用对象常采用的改造模式通常包括：功能置换、合旧为新、以旧纳新、以新纳旧、整饬表皮、生态修复等。

多维因素影响下的工业遗产再利用模式。通过上文的总结可以看出，工业遗产再利用的差异主要存在于再利用对象的产业类型、再利用后的使用功能、再利用案例的空间集聚程度，以及建筑改造与景观再生手法应用几个方面。这些差异的形成则主要是受到不同产生背景的影响，在多维因素影响下产生的结果，是受到产业发展不均衡、工业遗产区位、政策，以及地理文化等因素共同影响造成的。从工业遗产再利用产生的社会背景出发探讨，考虑工业遗产再利用的多方面因素，从土地集约利用、资源枯竭型城市转型、经济及产业发展的不均衡、城市主题活动四个方面探寻深层次影响工业遗产再利用模式的因素。

四、土地集约利用

土地利用规划是对一定区域未来的土地利用发展按照区域国民经济发展的需要，进行超前性的计划与部署——通过土地利用规划，可以将土地资源在时空上和国民经济各部门间合理分配，在获得较高的综合效益同时又保护土地资源，使其可持续利用。长期快速城市化发展历程，城市土地资源配置无法承载膨胀的人口给城市发展所带来的压力。目前，我国的土地利用长期以来存在着缺乏集约发展、低效利用的问题。在当前资本和利润运作主导下的城市建设面前，土地经济效益产出和土地利用潜力并未得到全面挖掘，随之而来的是城市扩展所面对的土地开发“无米可炊”的局面。这在我国沿海发达城市表现得较为明显。在城市新增可建设用地紧缺的背景下，国土资源部 2014 年 9 月制定下发《关于推进土地节约集约利用的指导意见》，对目前城市用地发展进行了重新部署，节约集约用地是各项管理工作的核心，同时需要严格控制增量，对存量用地应该优化盘活，提高使用效率。通过《关于推进土地节约集约利用的指导意见》可以看出，通过对城市中旧的产业地段进行更新和改造，是一些城市通过土地集约利用以解决城市发展建设用地紧张和经济快速增长之间的矛盾。西方国家对此已开展了几十年的更新实践工作，包括对棕地的环境修复、对废弃矿区的植被复原，以及对旧工业地区的环境整治以实现土地的集约利用。土地集约利用给城市带来了城市产业结构升级和由于中心城区土地价值升高产生的旧城改造。

土地集约利用给城市中大量的工业遗产更新带来了发展的机遇和挑战，并成为推动工业遗产再利用的重要诱因。例如处于快速化城市过程中的深圳，通过实际行动把城市可持续发展与土地集约利用相结合，并以相关立法为前提，构建公众参与及利益共享等实施及激励城市更新机制，开展了对老旧工业区的改造行动。深圳市在建市40余年来的发展中，工业结构实现了从传统工业为导向到高新技术产业为主导的转变。2007年，深圳工业产值对深圳市GDP的贡献率就超过了60%，成为经济增长的第一推动力。但由于深圳市区可开发利用的土地资源有限，工业用地比例偏高，产业类型多样，用地效益不高，为顺应社会经济发展需求，深圳市对旧工业区采取了综合整治、重建、功能转化三类更新模式。其中，华侨城集团利用原沙河实业工业园区向以创意产业为主体转型的深圳华侨城，就成为保留了空间特色并华丽转身的深圳创意产业发展的平台。

1. 资源型城市转型因素的影响

根据城市产生和发展的过程，城市类型可分为三类：商品农业与中心地类型城市，具备转运功能、区际贸易和交通运输型城市，专门化的职能型城市。资源型城市属于专门化职能城市中的一个重要类别。资源型城市根据其所具备的资源，可分为煤炭城市、森林工业城市、石油城市、有色冶金城市、黑色冶金城市等各种类别。我国资源型城市数量众多、分布广泛。新中国成立以来，资源型城市在原煤生产、原油生产、铁矿石生产，以及木材生产方面作出了“功勋卓著”的贡献，为新中国的工业化进程作出了巨大的历史贡献。国家“一五计划”时期有34%的重点项目分布在资源型城市，一半以上的建设项目总投资额均投入到了这些资源型城市中。但在改革开放之后，这些为我国工业体系的形成以及促进国民经济发展作出过历史性贡献的资源型城市都先后遇到了经济增长的瓶颈，其经济发展与人均收入增长远低于全国平均水平，经济活力减退，遭遇到了中国式的“资源诅咒”。长期以来，资源型城市发展伴随着高强度开采，形成了对制造业的“挤出”效应。大量劳动力和资本转移向资源产业，抑制了制造业等行业的发展，形成了较为单一的产业结构。随着资源储量持续减少，产业结构单一、失衡的副作用凸显出来，对资源的依赖使城市在内外部经济关系上陷入孤立状态，经济发展受到严重阻碍，经济变革动力不足，尤其是部分资源型城市成为资源枯竭型城市之后，产业转型迫在眉睫。

国务院2007年制定出台《国务院关于促进资源型城市可持续发展的若干

意见》（国发〔2007〕138 号），以培育壮大替代产业、促进资源型城市可持续发展、协调区域经济发展、解决社会就业问题、加强环境整治和生态保护为目的。2008 年 3 月，国家发改委确定了首批资源枯竭型城市名单。2009 年 3 月，国务院公布了第二批资源枯竭型城市共 32 个。为进一步加大对资源枯竭型城市的支持力度，经国务院批准同意，国家发改委、国土资源部、财政部 2012 年界定了第三批 25 个资源枯竭型城市。国家公布三批资源枯竭型城市，共确定了 69 个资源枯竭型城市（县、区）。国家发改委设立了中央预算内投资专项，主要针对资源型城市吸纳人口就业和综合利用资源，通过发展替代产业和多元化产业体系培育，中央财政给予 69 座城市财力性转移支付资金支持。中央财政累计下达财力性转移支付资金 303 亿元，其中 2011 年支付资金 135 亿元，保障了资源枯竭型公共保障能力提高的作用。2013 年 12 月，首次界定了 262 个“资源型城市”国务院正式发布《全国资源型城市可持续发展规划（2013—2020 年）》，提出促进资源型城市可持续发展的总体目标和具体要求。而资源枯竭型城市的分布，约 80% 的资源枯竭型城市分布在中西部地区。其中，东北综合经济区所占比例最多，约占总数的 30%。经济增长困境是资源枯竭型城市面临的首要问题。因势利导地发展旅游业等第三产业有利于促进其经济增长。旅游业是国民经济的重要产业，也是资源型城市转型的重要选择之一，是资源型城市替代产业的重要选择，有助于其城市产业经济结构升级。因此，在资源型城市转型的过程中，利用并发展工业遗产旅游的途径成为必然。

资源型城市发展过程中，存在着重开发、轻治理的问题，长期的工业发展之后，因资源开采给城市带来了严重自然环境受损污染问题，如地面塌陷、水质污染、地表破损严重、采矿堆积物等，并带来了一系列的环境问题。当资源型城市中工矿企业破产后，废弃的厂房建筑和生产设备以及开采遗址仍然具有较高的工业遗产价值。此外，旧工业地段也是资源型城市特有的工业文化现象。任何资源都有开采枯竭的时刻，长期单一的产业结构发展模式产生的影响开始显现，工矿企业风光不再，从拉动地区经济发展到经营不当致使原有的工矿开始倒闭，大量的建筑构筑物和设备、设施的废置既浪费了资源又影响了城市景观，大量的建筑构筑物以及设备设施便被闲置下来，由此造成了资源的浪费。利用棕地治理及采矿业类工业遗存用于开发工业遗产旅游，一方面有利于矿区生态恢复建设，也为城市生态环境的恢复建设提供了资金保障，促进了产业结构的循环，实现经济效益与社会效益双丰收；另一方面通过利用工业遗产开发工业遗产旅游可以增进就业，实现就业结构的多元化，提高劳动力素质。对于改善民生，提高居民生活水平、生活质量有长远的作用。

例如德国鲁尔地区通过开发工业遗产旅游取得了巨大成功。当鲁尔工业区作为支撑的传统煤炭和钢铁工业走向衰落，大量人口外迁，面对一系列经济和社会问题时于 1989 年开始启动了 IBA（“埃姆歇公园国际建筑展”）计划，通过之后的建筑展的推动影响，将鲁尔地区的历史、文化、工业遗产、土地资源、劳动力和区位优势等进行重新整合，挖掘其潜力，实施该地区的可持续发展战略，通过工业遗产再利用促进了经济转型，提升了区域经济增长。在此基础之上，从 1998 年开始，鲁尔区管理委员会又将重要的工业遗产点整合形成了一条工业遗产旅游线路，吸引了世界各地的游客来此旅游和参观，这一工业遗产改造的案例已成为各国学习借鉴的经典案例。我国资源型城市转型目前也取得了一定的成绩，例如利用通过国土资源部认定的 72 处利用丰富的自然资源建立的多种主题与类型的国家矿山公园，这些矿山公园主题内容多样，许多矿山公园既有地质公园、森林公园又有工业遗产旅游点，可以协调整合多种资源。

2. 经济及产业结构因素的影响

工业遗产再利用因产业结构调整及经济转型而生，因此经济及产业发展因素是影响工业遗产再利用模式形成的重要因素，其发展形势也对工业遗产再利用影响深远。根据英国经济学家费希尔教授对“第三产业”的概念的界定，第三产业是指国民经济部门中除第一产业和第二产业以外的其他行业。第三产业也被称作服务业。从产业划分来讲，第三产业是有别于第一产业和第二产业的概念，服务业则是与农业、制造业相对应的概念。根据中华人民共和国统计局关于中国第三产业的产业划分规定，我国第三产业由流通部门和服务部门两大部门构成；根据总的情况来看，划分层次为流通部门、为生产和生活服务的部门、为提高科学文化水平和居民素质服务的部门，包括政党机关、国家机关和社会团体以及警察和军队等。再利用后的工业遗产可用于城市开放空间、博览中心、创意产业园、工业遗产旅游等商业类、居住类和文化艺术类等的新功能用途。依据上文中关于产业相关划分的描述，工业遗产再利用后的用途基本都属于第三产业。

经济因素影响主要体现为经济增长水平对工业遗产再利用模式的影响。一个国家人均产出水平在相对较长时间段的持续提高是经济增长的体现。经济条件直接影响着城市转型更新过程中，工业遗产是否会得到再利用，以及工业遗产再利用转型后的功能与模式。通过统计 2014 年中国 31 个省区市的 GDP 总量及增速，并结合工业遗产再利用区域发展差异与概况可以看出，工业遗产再利用受到经济发展影响巨大，并呈现出明显的正相关关系。我国第三产业发展随着改革开放的推进而发展，1978 年以后，第三产业的发展速度和经济地位都得到长足发展。在此基础上，区域之间第三产业发展的差距越来越大。通过回顾国家统计局的数据，近 20 年来绝大部分省市的第三产业增加值比重均呈现出逐步上升的变化趋势。31 个省区市第三产业增加值均呈现增长趋势，但省区市之间的差距却越来越大，没有形成良好的产业梯队，这也在一定程度上影响到了工业遗产再利用案例的模式及分布。

文化产业是第三产业的重要构成板块，根据本次案例的统计，再利用为文化产业模式的工业遗产比例为 48.6%，数量最多，可见文化产业的发展与工业遗产再利用休戚相关。文化产业消费有其特殊性，不同于一般的消费品，居民的消费、收入水平，尤其是可支配收入能够影响对于文化产业的消费能力。但经济欠发达地区，居民人均收入水平低，难以支撑文化产业的顺利发展。而经济发达地区消费水平更高，消费结构也更加合理；居民收入越高对教育文化娱乐服务方面的消费水平就越高。因此在经济发达地区发展文化产业更具可行性。下文中通过分析居民文化消费占可支配收入的比重与工业遗产再利用模式的现状进行比较分析来说明这一因素的影响。分析所采用数据为《中国统计年鉴》中31个省区市中城镇居民家庭平均每人全年在教育文化娱乐服务的消费支出数据汇总。从2001年开始，每5年为一个时间段进行比较，结果分为3个类别。我国各地区文化消费存在较大的差异，通过上述省份的分析，北部沿海综合经济区和东部沿海综合经济区内的城市居民在教育文化娱乐消费上的花销远高于其他6大综合经济区。上海和北京居民每年花在文化消费上的支出在全国范围内属于最高的，山东、江苏、广东、天津等地居民的文化消费支出也处于比较高的水平。通过前文的总结分析，可以看出，这二者之间联系密切，居民文化消费水平越高的地区，工业遗产再利用的比例也越高。当然对文化产业消费的惯性与消费习惯也在一定程度上影响到了不同区域的工业遗产再利用模式形成。

3. 城市主题事件因素的影响

城市主题事件会在较短的时间内影响城市的建设与发展，比如国际或国家型的赛事或博览会，节日庆典或是以某件事情为主题的文化展览在城市中举办相应的主题事件会吸引媒体的聚焦，取得较高的关注度。举办这些主题事件必然会在城市内部产生巨大的发展动力，事件的举办可能较短，但是为其筹备和举办之后的影响是长期的。城市主题事件会在城市建设上产生巨大的推动作用，城市地区会进行新的规划建设提供能够满足主题事件举办所需的场馆和基础设施的硬件条件，包括对城市软环境的提升也都发挥着重要的作用，通常来讲举办过上述事件的城市，城市的管理与运营包括文化和环境建设都会得到极大提升。当今时代是一个主题事件频繁、国际交流广泛的动态时代，周期性的城市主题事件是工业遗产再利用的契机。举办城市主题事件通常具有以下目的：增加城市的文化活动、庆典活动；吸引旅游者的进入；促进公众参与文化艺术、体育等活动；促进城市为公共利益努力；促进交流，包括政治和文化的交流、各个社会或民族之间的交流；在旅游淡季提升相关公众设施的利用率；提高公众对城市的形象、特征或某种标志性事物的关注。

城市主题事件主要的目的是吸引大量的参观人群。大量人群涌入的同时伴随着物质、资源与信息的汇集与集聚。城市主题事件可以在多种场所举办，例如文博场所、会展中心、体育场馆和公园。主办方的地方政府为筹备整个运作过程会通过经济杠杆和规划手段，以及结合厂址的选择，提供出优惠性的政策来改善城市空间形态和物质功能。通过以上举措，地方政府为公共利益而提升城市软硬环境的措施，可以促进城市建设和发展走上一个新的台阶，同时对城市进行相应的形态更新。在这个过程中，媒体对主题事件的宣传报道也可以吸引人们对主办城市某些特定静态物质和设施的注意力。这些静态的物质和设施可能是利用相关的物质遗产通过一定的改造来成为提高公众对城市形象特征认知的某种标志性物体。由此可见，周期性主题事件对城市更新的影响是显而易见的，进而对工业遗产再利用产生着积极的推动作用。

主题事件的举办是地方政府推进城市更新和空间改造并缓解工业遗产保护与更新的矛盾的有力手段。例如彭涛曾经就城市发展与举办主题事件关系进行了探讨，对于上海世博会的举办，我国也有学者论证了其对城市发展的推动作用。可以看出城市主题事件是短期内对城市建设产生一种来自外部的强劲推力，但在看到城市主题事件对城市建设积极和促进影响的同时，也应看到事件本身是城市发展过程中的一个组成部分，事件是暂时的，但影响是深远的。城市主题事件如同一把悬在工业遗产之上的达摩克利斯之剑，影响着工业遗产的存在与命运。如在北京奥运会的背景下，为了对举办北京奥运会全面支持，净化首都空气，作为颗粒物污染排放大户的首都钢铁厂开始逐步停止生产，并迁离市区，遗留下的工业遗产规模大、数量多，如何进行保护再利用成为一个复杂的社会问题。

从另一个方面城市主题事件对工业遗产再利用也产生着积极的影响，从上海世博会可见一斑。因为世博会的举行，黄浦江边的工业用地也随之需要进行调整。上海世博会特别设立了“城市最佳实践区”，来进行对不同主题演绎的尝试，这是从传统工业地区向亮点展区过渡的重要载体。街区在保留原有场地特色的同时融入了景观及公共空间。根据价值评价，世博浦西园区红线内的保留建筑分为保护、保留、改造建筑三类分别对待，并根据建筑自身的结构和空间特点选取不同的更新手法。其中的最佳实践区对工业建筑进行了功能化、时尚化、生态化和节能化的改造设计，在保留工业建筑主体结构和基本形体的前提下，使其成为世博会的各种展馆。工业建筑的改造和利用在城市最佳实践区中占建筑面积的 60% 以上。在上海世博会之后，2013 年的深圳双年展也对工业遗产的再利用进行了有益的尝试。深圳城市的空间发展一直受到过高的城市工业用地比例的影响，深圳市在城市发展过程中一直关注对城市中的旧厂房改造工作。2013 年深圳双年展在蛇口举办，提出了符合蛇口老工业区身份的城市边缘战略主题。

此外，2015 年 9 月 16 日，杭州获得了举办 2022 年第 19 届亚运会的资格。作为一座具备众多工业遗产的城市，举办亚运会所投入的大量资金，将用于亚运会场馆维护建设、亚运会运行资金之外的城市面貌和环境改善，以及环境整治、工业污水治理等，在为此而进行的改善城市综合面貌的长期工程上，工业遗产将何去何从，是值得城市的管理者们深思的议题。

4. 深层次影响因素

通过对上述影响工业遗产再利用模式主要因素的分析，无论是土地的集约利用、资源型城市的转型、经济及产业发展的需求，还是城市主题活动因素的影响，所有的问题最终都指向了土地因素。而我国当前城市发展阶段中，随着位于城市中心区的工业用地退出，为提高单位土地的产出，恢复土地的活力，所进行的土地再开发正是工业遗产再利用深层次的动因。

城市土地再开发策略指的是当某个城市发展到一定阶段，基于土地的城市发展的基础上，对原来的城市用地类型和城市结构进行空间布局的改善与功能置换建设活动。从本质上讲就是通过城市土地的功能置换与循环利用，对城市空间资源进行再次配置。在对行为模式的过程中涉及的利益相关者，包括政府公益主导色彩到公私伙伴关系再到市场驱动的特点，实现公共、私人、社会三方关系为导向的多目标综合土地再开发。传统的土地开发模式体现为由政府作为土地供给者，经过征地拆迁、整治开发到市场出让，整个过程由政府作为土地的管控者，掌握着城市的土地一级市场。城市土地再开发的情况有所不同。

这也是我国目前土地产权的含义包括了土地所有权以及使用权、占用权、收益权等相关的延伸发展权益，其中，土地的发展权也是政府通过规划手段所设定的。土地出让过程中的规划条件提供了土地的用地性质、开发强度等限制性条件，形成了土地再次开发的价值。而土地出让时，政府在出让土地过程中只是将土地使用权出售，也就是开发商在取得土地使用权后，必须依据规划条件和土地用途进行开发。城市土地再开发的过程中，政府通过土地置换或通过原有企业出让所有土地的使用权后，通过修改发展权，进行土地二次开发，使土地有更高的收益。例如北京在 20 世纪 90 年代末就开始了对近郊工业区的更新改造，并开展对城市中心区污染扰民企业的搬迁工作。工作内容主要通过资产重组，优化配置，加大政策支持等措施，对老工业区实施成片的开发和改造。同时在使用权不变动的情况下，政府也可以通过规划操作和设计，结合城市更新进行土地运营。

根据近年来城市土地再开发的文献整理与实践总结，城市土地再开发的类型主要包括城市旧区改造类型、历史街区更新类型、城中村改造类型和传统产业用地置换类型，以及滨水区空间再开发类型和开发启动区再开发等。其中与工业遗产再利用关系紧密的有：城市旧区改造、历史街区更新、产业用地置换与更新等三种再开发类型。这三种再开发类型分别对应着不同的工业遗产再利用后的规划功能定位。

5. 工业遗产再利用的相关利益主体

城市土地再开发可以带动旧工业区，甚至一个城市的经济发展，这是有目共睹的事实，因此其也成为目前工业遗产再利用中的重要推动力量。城市土地再开发带来工业遗产更新再利用项目表面繁荣的背后，实则存在着土地、规划、运营等一系列的问题。通过对既往研究的总结及对案例的深入研究可以发现，这是工业遗产再利用中的利益博弈主体共同作用的结果。在市场机制下，参与工业遗产再利用的各方虽然是不同的个体但为了各自的利益而通过互相间博弈相互依存。

首先是利益主体的角色构成。从经济角度出发，利益主体是构成工业遗产再利用市场行为的参与者和关联者。一般而言，其中包括了各级政府、工业遗产所有者、开发商、运营商、销售商等；利益关联者则包括了银行、职能部门、投资人、购买者、使用或承租者等。

从与工业遗产再利用关联紧密程度出发，各级政府、工业遗产所有者、开发商、运营商是几个最具有突出影响力的利益主体。政府是国家公共行政权力的象征与载体，并具有实际行政决策、裁决、监察、命令制定及实行等行为能力，是工业遗产再利用行为中的重要角色之一，它是相关政策的制定者，在基本层面上影响着工业遗产再利用的发展，掌控着工业遗产再利用发展的命脉——土地、税收、行政审批；也可能是工业遗产再利用行为的直接或间接“操盘手”。

根据我国的《公司法》《个人独资企业法》《合资企业法》相关法律中的规定，依据资金构成，工业遗产所有者主要包括国有企业和私营企业两类所有者。工业遗产所有者可以是对工业遗产进行更新再利用的主体。开发商是以经营开发为主体的经营企业，是土地再开发过程中，除工业遗产所有者之外，实施工业遗产再利用的最主要行为主体，也是上述主体中最主要的利益追逐者。在此过程中，开发商的目标是尽可能地降低成本，在取得土地之前，开发商首先会预测未来土地产品的销售价格，然后根据开发成本，确定企业所能接受的最低收益之后，来确定企业认可的最高土地价格，同时以尽可能高的价格出租或出售物业产品，以获得利润的最大化。

运营商在市场中体现为受委托的一方，负责经营过程的管理并提供服务。由于工业遗产再利用项目具备多种业态融合的特点，具备操作经验和运营能力的项目运营商，是工业遗产再利用后成功与否的关键因素之一。

其次是相关利益主体的行为。工业遗产再利用核心问题也是土地再开发的问题，而政府是国家权力的象征并代为行使土地上的相关权利，工业遗产再利用中最关键的因素自然就是政府，在更新再利用过程中，政府既是规则的制定者，又是非常重要的合作者。政府决定着工业遗产所在地块的土地出让金和土地出让方式。由于分税制下地方政府财政收入与为公共事业的支出无法很好地匹配，从而导致目前地方政府仍过多地依赖通过土地资源获得政府收入（即土地财政）来缓解财政压力。据世界银行称，目前越来越多的城市政府在只能分享百分之四十税收的窘况下，必须承担百分之八十的城市费用开支，这些财政赤字在很大程度上是靠向开发商出售土地来弥补的。依靠土地运作（土地整理、出让和开发）政府促进了城市化的进程和土地的开发与再开发。

对政府而言，进行土地再开发，推进工业遗产的再利用，除了政绩角度的考虑，还有税费、利益以及公共福利、可持续角度的考量。实践过程中的出发点多是出于土地集约利用，盘活城市中心区土地，活跃土地市场，提高土地的经济价值，提高单位土地的产出，解决土地供需的矛盾，促进城市升级转型，优化空间布局，并且以获得的土地财政增加地方政府的财政收入。

目前，政府对于涉及工业遗产再利用的土地再开发项目，偏重于以“招拍挂”的方式出让土地。例如天津拖拉机厂的再利用开发。在这种情况下，通常政府所采取的措施是以各个区政府为主体，对城市中的旧工业用地片区重建改造，由政府部门组织，采取市场开发的形式进行运作，完成对原土地所有者的补偿后，进行土地的出让以回笼资金。

就工业遗产所有者而言，进行改造的过程中，国有企业所持有的工业用地性质一般是原有划拨土地，用地属于国有土地，在进行更新的过程中，这类所有者一般会在“退二进三”过程中，积极响应政府的相关政策而进行更新改造，无论是自行改造还是由政府将土地收储后进行出让改造，都较为服从政策。但由于原用地单位自行改造为经营性项目受到政策的约束，一定程度上影响了原用地单位自行改造的积极性。另一类情况则是私营业主，用地使用权属于私人拥有，在更新再利用的过程中更加关注的是改造的成本以及未来的利润等，在此情况下，当开发商承担工业遗产所在片区的土地再开发，工业遗产的所有者的身份可能成为被拆迁人，其与开发商甚至与政府之间存在的矛盾将不利于推进更新再利用的进行，使更新改造过程中的利益博弈呈现出复杂的态势。

就开发商而言，由于房地产市场本身就是寡头垄断市场，垄断会造成市场的非均衡的不健康发展。在获得土地进行项目开发经营时，利益驱使下开发商会对再利用项目相关规划指标进行最大利润化的测算与调整，常体现在“招拍挂”前适度地介入地块整体的建设规划，寻求经济平衡点，但这会与城市规划相关的控制性指标产生差异。最为显著的就是容积率指标问题，工业遗产更新再利用中容积率的影响非常重要，不仅影响着开发商的利润追求，也对所在棕地的城市形象、社会环境、经济效益产生极大的影响。

土地再开发背景下的工业遗产更新再利用过程中，政府作为权力的拥有者和规则的制定者，都使其行为成为工业遗产再利用过程中的重要力量。在其影响下，工业遗产原有用地再开发常体现为自主更新和公开出让两种情况。自主更新模式下的政府行为，工业遗产再利用项目的公共策略性会明显提高，并使政府获得舆论的正面评论。但不足之处在于，此类项目往往需要政府大量的资金注入，而且更新再利用过程中更多地受到政府决策层意见的一定影响。在如何合理开发与规划上，应考虑以下几点：首先是“授人以渔”，提高项目的造血能力；其次是充分引智，前期引入有成功运营经验的运营商参与到策划中出谋划策；最后是实施管理与监督，以相应的法律法规制衡政府在工业遗产更新再利用中的行为。

2010年中国社科院发布的《经济蓝皮书》中指出，目前的土地一级市场呈现出政府寡头垄断性卖地和多个竞争者买地的土地“招拍挂”市场供应格局。只要具备相应资金、规模和营业标准的公司或个人等，都可以对工业遗产所在用地进行开发和再利用，并没有对具备工业遗产再利用更新方面经验的开发主体体现出政策上的相关规定与优惠措施。公开出让模式下，由于引入了市场体制，实现了土地价值的最大化。而原有土地价格测算，各类型开发商也会介入工业遗产再利用中。经济收入行为使得政府在对土地一级市场的干预控制力加大，政府会通过提高土地溢价以实现收益，土地价格会出现非理性的上扬。这种情况下，再利用项目会主要受到市场成交量、项目区位等因素的影响而出现开发商的开发与操作模式注重提高容积率，忽视工业遗产更新再利用的“挑肥拣瘦”的行为。

对此问题的解决方案应通过完善的城市规划来作为土地再开发利用的前提和保证工业遗产再利用开发也必须符合城市规划的范围和要求，提高规划的有效性；为土地再开发制定严格具体的土地出让计划，通过对用地类型和特点的把控，间接地调控市场；同时政府作为土地供应的唯一主体，在土地出让时可以通过制定严格的合同来达到政府管理土地的目的，即政府将土地开发条件的具体内容纳入合同中，根据控规和城市设计的要求将与工业遗产相关地块的规划建设的详细条件如容积率的控制、风貌的保存、更新的内容、再利用的等级，以及相关价值评价的内容提前规定和公开，形成明确的权利义务，既有利于开发商进行成本测算，也有利于地价的合理确定。

第八章　全过程技术环节

工业遗产再利用全过程是指当工业遗产所在用地权属明确后，从项目立项、策划到方案编制设计、审批再到投入建设，最终完工后进入运营阶段的全过程。首先对再利用的运作流程进行研究，再利用运作流程的研究是建立在案例汇总分析的基础上，借鉴普通民用建筑的相关运作开发流程，以土地性质转变出让模式、工业遗产改造模式和工业遗产修缮模式三种模式对其中的运作流程，所涉及的相关审批部门与核心环节进行分析与解读。在此基础上，对工业遗产目前根据工业遗产的级别与重要性所划分的不同编制策略进行分析与比较。探讨再利用编制策略与工业遗产真实性与完整性的关系，以及如何在编制中注重工业遗产的地域属性，研究了编制策略中的关键环节。最后对目前工业遗产再利用中具体的设计方法与改造更新的技术手段进行分析。

一、运作流程研究

1. 运作流程分类

与一般的民用建筑建设项目运作相比，工业遗产再利用是一项复杂的系统工程，有其独特之处，但对其运作流程的研究目前还比较少，基于这个原因，借鉴于房地产的开发流程，参考各运作环节对工业遗产再利用运作流程进行分类研究。目前我国的房地产运作流程通常由以下部分构成：

提出开发设想。房地产开发设想是指房地产开发过程中的开发概念与法则。其中包括节能节地理念、细化设计理念、文化传承理念、开放结构理念、科技地产理念、创意地产理念等。在房地产经济飞速发展的市场环境中，从开始设想房地产项目如何适应市场的发展需求，就已确定了房地产项目的方向。

可行性研究。可行性研究是证明开发设想的关键一步，如果可行性研究表明设想成立，那么可以着手此开发项目。

获得建设用地。在房地产开发流程中，第一步就是应通过各种途径获得开发商所需建设用地。途径包括：原土地使用权人与开发商相互协商出让土地，可直接向相关土地管理部门提交转让意向的申请；投招标出让，在规定的时间内，组织符合招标要求的单位或者个人竞争土地使用权，择优竞标；第三种途径则是拍卖，同样需组织需要竞投土地使用权的单位或个人参加现场拍卖，土地权归属于出资最多的一方。

进行方案设计。在获得土地使用权以后，应考虑选择有相应资质的规划设计单位，对开发项目进行规划与建筑方案设计，并向相关政府及管理部门提交方案申请审批，向图纸审查中心的专家申请评审。根据审批意见、专家评审意见进行修改，通过再次审批与评审获得《建设工程规划许可证》与《施工图审查合格证》后，及时向消防管理部门与气象主管部门报审，确保无误。

项目工程施工。在申请施工审批通过后，进入施工准备阶段，应保证施工用水、线路的通畅以满足施工进度，修整场地，保持施工运输道路通畅，然后准备好施工材料，组织施工人员进场校验建筑水准点与控制点，并商讨制定详细施工计划。在此之后最先开始的是地基处理阶段，然后是基础施工阶段，再到地下施工阶段与建筑物主体施工阶段，在某些情况下这两者可以同时进行，最后进入的初步装修阶段以及配套工程施工阶段都应由具备相应资质的监理单位进行严格管控与监理。

投放房产市场。项目开发最终要投放到市场进行市场营销，这是至关重要的一步，在销售前应做好市场调查与获利分析，确定营销策略，包括销售途径和销售手段等，之后则是与客户签订销售合同。

项目竣工审查。房地产项目竣工后需向上级政府管理部门提出竣工验收申请，并接受由工程质量监督、规划部门、消防部门以及人防部门组成的队伍进行验收，落实各项条件，如规划设计条件、公共设施配套、单项工程质量等，验收合格方可交付使用；否则，应返工后再次申请竣工验收，合格后需到相关建设管理部门进行竣工备案。

物业进场管理。在销售之后，物业则是房地产开发的最后一步，依据《物业管理条例》，国家提倡物业公司与房地产公司相互分离，通过招投标的方式选聘具有优秀资历的物业管理公司进场进行管理并提供相应服务。物业管理公司应对项目内公共设施设备、开发商和建设单位的相关资料进行查验，合格后方能交付业主并办理相关手续。

总体来说，民用建筑的建设项目是以最终的建成物投放房地产市场进行销售为目的。工业遗产的再利用有所不同，其所在用地存在出让与自持或出租的不同模式，其运作流程的组成阶段也就大相径庭。因此，结合工业遗产再利用的以上特点，将工业遗产的再利用过程分为三种模式的流程，分别为土地性质转变出让模式、工业遗产改造模式和工业遗产修缮模式。这三种模式中既有改造策略也有保护策略，在一个项目中，他们相互独立却又相互依存，共同构成对工业遗产再利用的流程的影响。

2. 不同运作流程的具体解读

土地性质转变出让模式流程。工业遗产所在用地的出让一般伴随着用地性质的转变，经过公开的“招拍挂”环节后，土地的使用权进入市场并由竞价最高的开发商获得。从这个意义上看，这种模式与常见的民用建筑开发流程的主体构成十分相似。其区别在于，若出让的项目地块中含有具有一定文物保护级别的工业遗产，就应遵循保护策略的要求，在新建建筑之外，还要涵盖工业遗产保护与再利用的设计，其中对于具备一定文物级别的工业遗产部分，需要经历的运作流程从立项申请、勘查现场、提出报告、专业单位进行方案设计、提交修缮和改建报告，直到申请方案、审批专家审批方案、修改方案，再到政府部门进行审批、针对方案提出意见、专项设计评审、根据审批意见对方案进行修改和完善，需要进行多次的修改和完善才能进入最后的审批环节，经审批合格才能开始施工、监管直至验收。

3. 工业遗产改造模式流程

改造模式的运作流程相对于出让模式而言较为简单，一般是由持有者根据相关用途及房屋质量进行适应新的使用功能的改造，所需面对的职能部门相对较少。该模式的特点是具有一定限定性的改造（由于用地性质一般并未改变，可能是改作临时的经营用途或政策鼓励下的相关改造），此类工业遗产项目在改造前应做好调研评估的工作，在评价指标和技术指标的限定和规定下，针对建筑的空间和材料有选择性地对该项目进行拆除、加建和改建，拆除、加建和改建工作可以同时进行，也可以某几项同时进行。在确定改造手段后，进入初步方案设计阶段，报经各政府部门审批合格后方可进入施工图阶段，施工图期间还应通过相应部门的图纸审核，根据审图意见修改后得到施工许可证方可开始施工。施工后经过政府部门验收完成该项目改造工作。

4. 工业遗产修缮后再利用模式流程

工业遗产修缮后再利用模式的运作流程类似于装饰装修工程，一般是按照现行规范进行局部加固，对建筑外立面进行调整。例如广州红砖厂的工业遗产再利用，就是出租后由承租者根据使用需求对其进行相应的修缮，但这个过程会在运营商的相应管理之下，以确保遗产风格的统一性。但如果工业遗产的保护级别不同，又会体现为不同的运作流程。这是由于在修缮流程中，文物保护级别高的工业遗产受到的限定更多，需要最大化地根据价值评估报告来进行保护性修缮工作。

5. 工业遗产再利用运作流程中存在的相关问题

首先是再利用运作流程中冗长的审批过程。目前全国各城市旧工业建筑改建的项目一般仍需通过用地、建管、规划、消防、卫生、环保、竣工验收、获取证书等多个申报备案程序才能完成工作。例如 2011 年上海市政府下达了内容为“大力加强本市建筑施工质量和安全的监管”的指示，其中意见中对于全面整顿和规范建筑市场提出了更为严格的要求，并指出，我国项目建设的流程规定，一切工程项目都应该严格地自觉遵守条文规定，包括一切新建工程和改建扩建工程。要求不同级别的部门组织人员必须依照“自下而上”的等级原则对各项工程项目进行审批，不得违反规定，要严格按照流程规定进行审批工作，从工程立项到申请环境检测评价、申请获得规划批准许可证，到组织拆迁工作，再到设计方案规划和图纸审查，继而申请批准施工许可证，直到最后竣工验收工作和审批备案程序，这些程序缺一不可。这使得对工业建筑遗产改造过程要求更加严格、流程更加烦琐，项目申报备案的时间过长、程序过于烦琐。

其次是存在未经审批擅自操作的行为。这正是由于受到冗长的审批过程的影响。这是由于一些小型的工业遗产再利用项目，产权单位需要向承租者收纳相应租金。产权单位设定的租期通常较短，报建程序过于复杂、项目建设时间过长，如果不能做到特殊事宜特殊处理，承租改造房不能快速取得《建筑工程施工许可证》，那么在投资款项还没收回之前，租期就已经结束了，因此必须在通过复杂的流程之后才能持证开工。

再次是产权归属问题，在工业遗产再利用的早期，由于政策的不完善，相关限制较少，相关部门在审批签发产权证书时，无法核实工业遗产改造后的物业用途，因此存在获得产权证后将基地内改造成住宅功能或者办公功能来使用的问题。随着政策的完善以及执行力度的加大，严格限制工业用地内非工业物业产权的使用，很大程度上限制了上述行为的发生，虽然在工业用地办理非工业物业的产权越来越困难，但仍然存在可以争取的空间。目前，若严格遵守规定按照规范程序工作，那么首先应该明确工业遗产的产权归属关系。由于国有企业制度的改革、企业关停并转让，形成了旧工业建筑复杂的产权构成。而土地划拨是大部分旧工业建筑的获得途径，因此难以申请到《国有土地使用权证》和《建设用地规划许可证》，而具备这两个证书是申请《建设工程规划许可证》的唯一途径。但将地块所有旧工业厂房拆除以达到“净地”标准再由当地有关部门收回土地后挂牌出让的同时，也违背了工业遗产改造的原则。

二、编制策略

1. 不同编制模式的工业遗产编制策略比较

不同编制模式是与文物保护级别所对应的，根据不同编制策略下的各项编制要素与各项编制技术指标进行汇总对比。总的来说在保护再利用策划主体、保护再利用依据、保护再利用控制的内容、保护再利用实施主体几点上存在的差异较大。对前两者而言，再利用在规划中的实施是行政行为的一种体现，后者则体现为一种实践行为。这三者之中以全国文物保护单位规划编制的文献调研最为翔实，不仅在前期工作中进行文献调研，还有对于现场考古或测绘的标准化记录、对于后期干预的记录、对遗产内部的研究、对工业遗产之间的研究、对工业遗产外部的研究，以及对厂区的档案资料的收集和研究。这样做的优点是显而易见的，但也存在利用模式单一、静态化保护的缺点。作为一项专项规划，文物保护单位保护规划作为遗产保护制度的重要组成部分，对促进工业遗产保护起着关键性的作用，引领着工业遗产的保护，并成为工业遗产旅游发展等活动的制度依据与行为准则。就目前而言，文物保护单位类的工业遗产相比于“再利用”，更倾向于强调展示与阐释。以上三者中，全国文物保护单位保护规划性的编制策略与历史文化街区保护再利用策略，侧重了对文物本体的重视，尽管对街区在详细规划的角度提出了规划策略，但存在时效性及对相关实施问题解决策略不足的问题，文物保护级别低的工业遗产侧重于实施，但对工业遗产的重视程度不足。这与编制保护再利用规划过程中的技术人员学科构成方面不全面有关，同时也反映出市场需求下，经济开发对工业遗产再利用的强大推力。正如国家文物保护单位曾经提出的关于有效保护文物保护单位的方法：保护与经济建设之间稳定平衡的关系，有利于保护与发展相互作用相互依存，更有利于可持续地发展我国文物保护单位和我国文物保护与合理利用的事业。

2. 再利用编制策略与工业遗产真实性的确保

近年来，随着人们保护意识的提高，尽管保护与开发的矛盾仍长久存在，但保护具有价值的工业遗产不再是社会各界争论的关键，对工业遗产进行再利用发挥其资源与价值属性已经成为共识。但在再利用实践过程中，因急功近利的过度再利用和“保护性开发”而造成的对工业遗产本体真实性的破坏仍然屡见不鲜。

首先对工业遗产真实性的概念进行探讨。工业遗产作为工业时代的遗存，是一种物质存在，工业遗产的价值与意义被其本身的建筑形式、空间构成、设备遗存、构筑物、工业景观、生产流线、档案文献等共同传递着。而一般历史建筑却没有这样的优越感了，工业遗产技术价值的载体也同样是确保工业遗产真实性的关键，因为这是作为遗产的根本价值所在，也是保证其真实性的关键。只有提高对工业遗产价值的认识，才能理解真实性的意义，了解应该在再利用中采取怎样的方式和干预策略才能有效地保证价值的真实保留与传达。

目前学术界对于真实性的认识仍然存在不同的观点，也就是对于已经存在多年的“修旧如旧”和“修旧如新”的讨论。工业遗产和一般的文物建筑不同，文物建筑即便是修缮或改作他用一般也可以保持“真实性”，但工业建筑由于长期的发展过程中，因工艺改进、科技创新或者生产规模扩大而带来的空间变更和既往的修葺变动是常有的事，其发展的过程中遗产本身的真实性是相对的、发展的，而非绝对的、静止的。因此再利用过程中工业遗产对真实性的追求不能是凝固在某一个时间点上的，而是要遵循文化发展的规律性，避免过度的封存。

再利用过程中保证工业遗产的真实性，不仅要在价值评估的基础上保存最具工业特色的建筑物，还要保存相关的历史印记，并且注重再利用过程中的可识别性，即《威尼斯宪章》中对于修复痕迹的保留原则。此外，由于目前多数的工业遗产建筑年代距今并不久远，尤其是再利用过程中针对的绝大多数对象都是新中国成立后修建的工业建筑，所使用的建筑材料与营造手法与当代差异不大，在进行相应的改扩建过程中，要注重新建部分与原有部分的区别，注重可识别性，以便经过再利用与更新后仍然能够识别当时工业建筑的基本格局。

因此在当前市场导向下的工业遗产再利用实践过程中，为保证工业遗产本体的真实性体现，进行再利用策略编制时应注意几点：

首先是前期的工作要充分，体现在调研、价值评估与策划三个方面。调研中对于工业遗产的建造时间、历史用地及用地内相关图纸、特殊历史事件、曾经的所有者及使用者、相关设计师、建造商、运营商、过往改造、扩建情况、遗产周边相关城市空间格局变化和相关产权关系变化应该进行详细的记录。依据历史、文化、科技、艺术、社会、经济价值对其进行科学的价值评估，尤其是对重点保护部位的价值评估。在进行再利用设计之前要对基地场地、主要建筑及其结构、材料进行测绘，并对重要节点部分需要进行详细的测绘。

其次在再利用策略编制过程中，需要依据前期工作，遵守相关法规规定，深入“开发需以保护为前提”的理念。避免借助原有的历史资源进行商业化氛围过浓的文化开发，如有需要，应以文字和图像资料为依据，来复制历史与展现过去的工业生产场景和工业生活记忆，尽可能保留原有生产流线、空间尺度与场地肌理。充分利用原有建筑材料，以多种形式的展现手法利用工业生产设备，注重历史与现代的交融，并增加恰当的新功能。

工业遗产再利用的方式有多种，每一种再利用方式对遗产本体真实性的影响和传达的真实性感受是不相同的。妥善地进行再利用策略编制，才能在保留原有历史文化氛围的基础上，延伸出新的城市空间，实现保护与开发的平衡。

3. 再利用编制策略与工业遗产完整性的确保

1964 年通过的《国际古迹保护与修复宪章》明确主张：应将历史古迹理解为存在于城市或者乡村的具有独特历史文脉的，具有特殊意义特殊发展历程的环境。不能浅显地理解为个体建筑，在工业遗产再利用中确保完整性，包括保护工业遗产建筑物与构筑物、工业景观元素、工艺流程等物质与非物质遗产的完整性的方法值得深思。

首先是遗产建筑历史空间的完整性。随着工业化的发展，与工业生产、服务、运输等相关的工业文化元素聚集，随着历史进程的发展逐步累积，并在工业遗产发生发展的动态过程中，集聚了丰富的文化现象。在确保工业遗产历史空间完整性方面，应根据不同的层级，首先是遗产的构成层级。根据前文中的论述，有工业遗产点、工业遗产历史街区、工业遗产廊道、工业遗产区域、工业遗产群等不同的构成层级，针对不同的构成层级并根据价值评估所得出的工业遗产价值分类来确定完整性保留的理论出发点。

对于工业遗产遗存丰富的城市，应采取编制具有可实施性的工业遗产保护再利用规划的策略。编制专项规划的目的是更好地保护与利用城市中的工业遗产，挖掘工业历史内涵，使工业遗产的完整性得以体现，延续城市文脉，提升城市功能，激发城市的活力。专项规划应该成为指导城市工业遗产保护与再利用的法定性文件，同时为涉及工业遗产地块的规划管理、城市设计、用地开发、建筑设计提供管理依据。

在市域范围内开展工业遗产调查是专项规划的制定的前提条件，通过调查对工业遗产搜集到的成果进行遗产的空间分布的登录，掌握整个城市的工业发展特征，明确工业遗产分布与城市历史、文化、自然资源的关系。对工业遗产保护与再利用和城市功能分区的结合，以及工业遗产与其他专项规划的结合有清晰的整体思路。在专项规划中，首先要综合分析全市域范围内的工业遗产的现状并界定工业遗产，从而提出具有合理依据的工业遗产保护和再利用的规划目标与指导原则，提出对工业遗产认定的价值标准，在此基础上，前瞻性地对工业遗产一定半径内区域条件和实际情况进行判定，以此来确立层级体系的构成和可供参考的实施观点及策略办法，并对保护体系与保护要求提出构建与控制要求，对工业遗产再利用模式提出指导和政策引导性建议。形成具有全局性和前瞻性的专项规划，避免工业遗产再利用的着眼点指在个别的工业建筑改造上。

其次是景观的完整性。工业遗产景观是历史上的工业生产地域或人类创造遗存，在空间上以工业遗存为核心，由多种工业遗产要素构成，是一种空间存在，具备时间的完整性和统一的历史发展演化过程，工业遗产景观也具有丰富的形态特征和多种功用价值。虚体包括时间、工业流程和企业背景，实体包括建筑空间尺度和建筑区域，这些都是企业在繁衍发展的过程中积累的其独有的特性要素。工业遗产周边尤其是工业历史地段附近，有着丰富的景观特色，遗产周边的产业结构、道路交通、河道水系、自然生态、建筑格局、居民构成、社区文化等共同组成了与工业景观相关的环境要素，这些环境因素具有可识别性、场所感和认同感。再利用编制策略重视保持工业遗产景观的完整性需要确保各种再利用的干预活动具有可逆性，对已进行的改造进行详尽的记录，以确保历史文脉的连续性和文化景观的丰富性。

由于工业遗产再利用涉及区域的复兴和发展，引入城市设计的编制策略可以使工业遗产的完整性与城市现状或城市更新方向相结合。目前城市设计在多数地方仍是附庸于总规和控规的一部分内容，存在一定局限性。但城市设计的“设计”，本身就带有一定的柔性色彩，并不如规划、控规那样带有强制性的色彩，此外，城市设计经常会涉及城市风貌的问题，而风貌很难通过法规来实现，为了力争保证工业遗产再利用能够保留其原有的真实性和完整性，只能借助于多方的共识。通过为工业遗产所在地块编制城市规划导则，进行城市设计，可以起到城市规划与单体建设之间的缓冲衔接作用，也就是上承城市规划的相关法律法规，下接利益主体限制条件下增加的诉求。

4. 再利用编制策略对工业遗产的地域性的重视

地域性与文化息息相关，呈现出差异化的特色，是工业遗产再利用中重要的组成部分。在城市地理空间的尺度上，工业遗产地域性差别主要体现为实体要素方面不同地区的产业集聚形态各异；历史文化要素的地域性则体现为时间与人文积淀的差异。工业遗产所处的城市产业地段曾经是当时先进生产力的代表，带动过当地的经济发展，给当地的生活及人们的需求带来过不同层面的影响。

不同区域之间的工业遗产在某些方面上具有一定的雷同性，这是由于同种产业门类的工业生产具有模块化的特点，但在不同地区生产关系的影响下，又常因融入了当地的历史、人文文化与地域特色体现为不同的城市空间肌理，这是在目前城市文化缺失、城市设计与建筑风貌千城一面的背景下，仍承载着地域特色的一片绿洲，若不加以区分地进行再利用，地域性特点则难以在工业遗产的再利用更新中体现。

工业遗产再利用正随着工业遗产再利用发展进程的推进而出现逐渐趋于一致的过程。包括建筑、构筑物、景观元素的使用、设计手法、业态构成、形式表达的相互模仿。从经济利益驱动的视野分析工业遗产再利用无视地域差异和遗产差异，主要是在快速城镇化时期所造成的。

再利用策略编制过程中为避免地域性的缺失和利用模式的单一化，应注意以下两点：首先是在项目立项和编制设计之间进行科学充分的策划工作。建筑策划研究始于国外“二战”后因资金和物资匮乏，在城市重建过程中政府、开发商、建筑师、规划师为保证有限的资金投入建设后能使空间、功能发挥更大的效益所进行的设计前期研究；国内对于建筑策划的研究起步较晚，最早的研究是1992年清华大学庄惟敏在其博士论文中完成的，之后2000年编辑出版了《建筑策划导论》。

工业遗产再利用的设计策划是建筑策划中的一种类型。在策划过程中，除了涉及一般建设项目的相关筹备、建设与管理工作外，还会涉及再利用过程中相关利益主体的复杂关系，新旧共存带来的经济、社会、文化问题。策划过程体现为项目再利用设计前期开展的信息处理的程序，从建筑科学的角度出发，以实态调研为基础，结合现代科技手段对项目的现状进行分析，对遗产的外部因素及限制性条件都有所了解，将规划思想定量可读地表达出来。为设计过程的不同阶段提供所需使用的正确信息，对设计成果作出最佳的决策，以能够发掘再利用设计中的全方面深层次的现状。

再利用的项目开发者不认为工业遗产再利用后的功能是一成不变的，这就需要设计师、使用者和开发商共同来协调、探索，是一个仁者见仁、智者见智的问题。经过再利用的策划，可以明确建设目标与市场价值的关联，设计方案和决策实施的关联，在了解使用者的意向、需求以及相关的财政状态后多元化融资。

对于再利用项目的设计者，通过前期策划的科学论证，可以清晰地了解遗产所处环境的地域性，以及定性和定量的制约因素，由此出发实现再利用目的和设计任务，最终得出符合地域特点的保护和再利用方案，避免过度的商业营销给工业遗产带来的缺乏地域性的高强度开发。

其次是注重编制过程中的公众参与。公众是社会文化的创造者、承载者、使用者和传承者。物质形态的保留只是地域特色保留的骨架，而生活在其中的公众与社会文化才是能使再利用项目成为有血有肉的活体的灵魂所在。

随着政府管理部门权力公开的推进，公众参与和监督逐渐渗透到与城市更新相关的工业遗产再利用领域。这是因为在更新过程中要解决的社会问题都与公众有着密切的关系，比如原有老厂工人的安置问题，厂区拆迁后对周边居民的影响等。尽管目前社会公众参与到工业遗产再利用编制过程中通常是被动地牵涉进去（主要是由于对其中的基本程序和规定不了解），在方案公示的层面参与进来去维护自身的切实利益。

目前来讲，在我国以大拆大建为主的旧城改造运动之后正逐渐显现社区参与的端倪，以保留原有社区的结构、文化和地域特色。例如在福建厦门沙坡尾地区的再利用设计中，注重了对避风坞周边以及老街巷原住民生活方式的原态维持。同时构建社区营造中心作为社区自治运营和管理的平台。沙坡尾社区营造中心由 40% 的原住民代表，35% 的社会代表（创意园区管理团队、文化传承与发展团队、金融服务专业团队、招商 / 商业运营团队和社区公共服务公益机构等），25% 的政府代表（包括市政公司、街道办和渔监部门等）共同构建，由社区营造中心共同设计相关的运营机制、业态构成和环境规划等方案，形成再利用中的有益补充和配合，不同于既往的权力下放还愿于民状态，形成具有市场角色的再利用公众参与机制。可见公众参与到再利用策略的编制过程中，一方面可以成为获取信息的渠道，对遗产价值有更为充分的认识；另一方面公众的理解与支持可以对再利用策略的制定、修改和实施起到良好的监督作用，使工业遗产再利用后成为城市地区持久的名片形象，独特的地域性能够展示并被清晰地识别。

5. 再利用编制策略关键环节的探讨

工业遗产再利用项目的编制策略的恰当运用是实现更新再利用的关键，是在工业遗产保护与再利用面临巨大压力的形势下，分析工业遗产再利用中的关键环节。对保证工业遗产再利用科学、合理、可持续进行，对确保工业遗产的真实性与完整性起着关键性作用，也能够促进缓解工业遗产保护与再利用的矛盾。再利用策略中关键环节就是对再利用策略底线的探讨。工业遗产的再利用的技术体系呈现出逐步发展的态势。从关注可持续发展到对工业遗产全生命周期的关注；从关注工业建筑的社会、历史、文化价值到关注工业遗产的技术、经济多维复合价值；从后工业景观的修复再造到城市工业区域的更新，工业遗产廊道、工业遗产群的构建。总体来讲，我国的工业遗产技术策略正日趋科学化，更加注重对上位规划的解读，通过对保护建筑分类分级，结合历史研究与实地调研测绘，通过价值与现状评估，合理地选定保护与再利用措施。

对于普通民用建筑的设计，我国现在已经有一套成熟的技术路线，以确保设计的质量与效果最终实现。而对于工业遗产的再利用的技术路线，尤其是一般性的工业遗产再利用的技术路线，则尚无定论。如前文所探讨的，一般性工业遗产再利用的技术路线，受到委托方与受委托方的影响较大。通过汇总已进行再利用的工业遗产案例可以发现，多数的工业遗产再利用所延续的技术路线都包括以下几步：项目背景研究并分析国内外案例—周边条件总览，探讨再利用进行的必要性—建筑现状调查后对基地条件进行分析—结合区域或所在地块定位的 SWOT 分析—建筑策划的开展—空间改造方案实施路线—立面整治实施方法。

上述的技术路线的进行与普通民用建筑的设计技术路线相差无几。对于项目背景的研究、周边条件总览，以及基地条件的分析缺乏对进行工业遗产再利用设计技术路线的设计理念与设计目标的有力支撑与推动，总的来说过于重开发而轻保护，容易形成模式单一，缺少工业遗产特色的改造项目，并且以开发为出发点容易给遗产带来不可挽回的损失。因此随着对工业遗产价值研究的深入，以及受国外设计手法的影响，在国内的一些工业遗产再利用设计案例的技术路线中开始出现了更加关注工业遗产本体的部分，也就是对工业遗产再利用中不同建筑价值的关注，主要通过在建筑设计或规划设计开始之前进行价值评估，作为分级采取不同再利用策略的依据。

相关实践研究方面。越来越多的再利用实践案例将价值评估加入再利用设计中。例如广州 TIT 服装创意产业园通过对建筑结构、建筑艺术价值的评估所确定的更新再利用策略；大同市文化创意产业园依据工业遗产的功能价值、构造美学空间价值、场地价值、历史关联价值的评价打分确定的再利用策略；天津拖拉机厂的改造中依据历史价值、结构价值、工艺流程重要性确定的再利用策略；青岛国棉六厂更新再利用中结合澳大利亚《巴拉宪章》对场地内的建筑基于建筑结构类型、建筑年代、纺织工业流程、厂房建筑质量从社会价值、美学与建筑价值、功能性与在地块内的意义进行了综合评估。上述技术路线的优点在于，在面临高强度开发的前提下，根据工业遗产再利用中需要进行功能更新与原有性能维护两个大方面进行了明确。以国际上获得广泛认可的宪章或相关保护策略为出发点对场地内工业遗产进行价值评估而非感性化的评价，或是开发商感兴趣的价值点去选择场地内的建筑去留问题，能够保留工业遗产历史地块的最具价值的历史或技术价值的载体。

三、设计与技术

功能更新是工业遗产再利用中最为重要的环节，在建筑的全生命周期中，其使用功能总会因时代、社会变迁发生一定的改变。为适应新的功能需求，需要通过对既有建筑进行必要的改造来满足新的使用要求。针对改造主体的价值等级不同，建筑本体先天条件（空间、结构、形态）的不同，再利用的不同设计层面所采取的干预手法呈现出多样化的特点。以下将从外部流线更新、内部空间重塑、立面改造重构三个方面对功能更新中的多种手法与策略进行分析。

1. 外部流线更新

外部流线设计主要体现在改造再利用的总平面图设计阶段。工业建筑的原有的总平面布置主要是根据生产流程、防火、安全、卫生、施工等方面的要求，同时结合内外部运输条件、场地地形、地质和气象条件进行布置，通常由外部交通与内部交通两大部分构成。当进行功能更新改为其他用途时，在保证遗产本体真实性与完整性的前提下，原有以满足生产工艺流程要求、减短物流与运输总量的布置方式难以满足作为新的功能布置的需求，原有以生产为主外部流线需要向以服务为主要目的的流线转变，原有以防护与环保为主的绿化布置需要向城市景观转变，原有的人流、货运出口分开的主入口设置需要向新的集散要求转变。外部流线更新中要解决的主要问题也就显而易见：基地内部道路系统、步行系统与内部停车场、出入口之间的关系处理。

经过更新设计后，基地内的道路系统通常为平面分流，存在的主要问题为人车混行或人车部分混行，前者例如上海的 M50 创意产业园，后者例如上海的 8 号桥。由于基地内停车场位置设置不合理甚至没有完整规划，道路层级划分不明确，直接威胁到步行人群的人身安全，同时机动车会侵占步行系统影响有障碍人士的通过和安全。在设计中应考虑到分级道路，使人车分流，或选择立体分流，如地下停车库等方式。通过在入口处或恰当位置设置停车场结合道路分级设计实现平面分流，或者通过地下停车或屋面停车场实现人车的立体分流，例如莱锦创意产业园通过设置地下停车结合道路设计，实现了人车分流设计。目前，大量的再利用项目由于资金和场地问题，普遍采用的是地面停车场的方式。

2. 内部空间重塑

内部空间重塑是建立在充分利用现有建筑物质基础上进行的必要的改建、加建与扩建。这些手法适用于不同的形态、不同的部位，并体现为不同的干预结果。设计上对于内部空间重塑的出发点常根据企业业态入手，更好地把控建筑空间的使用，最大化最优化地实现工业遗产改造的利用价值和产权归属人的经济价值，从这个方面看，政策、相应的法规（消防、建筑规范）、技术及工艺的可实现性是影响内部空间重塑技术手法的主要因素。具体的重塑手法包括功能置换、空间整合、扩充添加空间等。

功能置换。通常应用于原有空间不经太大的变动，就可适应新使用功能需求的情况。体现为闲置或者转产的工业遗产，往往呈现出新空间需要和原建筑布局不匹配，原有室内的装修残旧，原有的设备也已老化并且结构体系不安全。再利用时着眼点在于建筑内部空间的重构与功能流线的完善，对遗产建筑外观本体的干预较小。例如，美国马萨诸塞州劳伦斯市的华盛顿工厂 1 号建筑的翻修改造，在保留原毛纺厂历史风貌的同时，赋予其内部空间新的布局与功能，将其再利用为住宅与家庭工作室的生活与工作并存的两用空间。又如，由新伟纺织厂厂房改建而成的远洋艺术中心，设在尊重原有工业建筑的空间秩序和结构逻辑的基础上，厂房内原有的开敞空间多数没有被分割。再利用后一层作为售楼处，二层用作举行多种当代艺术活动的场所。

3. 空间整合

由于将要赋予工业遗产的功能与原有空间适应性不能很好地一一对应，需要对原有空间进行“加法”或者“减法”，或者是两种手法并存，才能使其符合再利用的要求。因此常着眼于对厂区的部分建筑的改造，或是对建筑局部加以重新整合，消除原有的破败感，使之符合新的功能需求，并强调工业美感突出纺织工业遗产的历史建筑特色。例如荷兰蒂尔堡的奥达克斯纺织博物馆，将原有的毛纺厂改造为博物、展览和休闲的工厂综合体，通过新设计的入口与加建的部分同原老厂建筑相连，对原有建筑进行空间改造与功能扩展，又如由原天津红桥地毯厂更新再利用的意库创意街区，通过添加玻璃与轻钢构成的入口使原有空间相连，进行空间改造与功能扩展。

4. 扩充添加空间

由于新的功能需求无法在原有的建筑空间内展开，同时基地条件比较狭小，新旧之间的结合成为解决的途径。从空间组合关系上，既可以是以旧纳新也可以是含旧于新。以旧纳新是在老建筑内部增加新的结构从而获得更为丰富的空间以适应新的功能需求，例如常见的大跨型厂房或仓库的改造。含旧于新的手法常在对工业遗产整体进行改造时，既有建筑遗产的遗存较少，或者是通过价值评估拆除部分建筑后，原有建筑无法满足再利用新功能的需求，需要在其周边或是建筑地下空间进行扩建，将旧建筑包含于新建筑之间。改造余地相对较大，扩充添加的空间对原有建筑空间的依赖性相对较小。例如，美国马萨诸塞州北乌克斯桥当地的“王冠和鹰工厂”棉纺厂，在保留其花岗岩墙体的同时，对其进行翻修，并使新的建筑物填充其中，将其改造成为高级住宅。又如，北京的莱锦创意产业园改造过程中，拆除掉部分厂房和部分厂房的结构后，在场地周边新建了商务办公空间。

5. 立面改造重构

工业遗产立面改造重构是对建筑物实体界面改造的过程。原有的实体界面和功能需求决定了空间效果的封闭性与通透性，对立面效果有很大的影响，工业遗产立面改造重构的表现力，主要体现在立面形式要素所蕴含的秩序关系里。通过改造重构，将建造于不同时代的立面，根据使用功能的需求，按照特定的组合方式构筑出来，体现出新旧共置的秩序关系。除了形态再造中的构成含义，立面特征所体现的是源于使用功能诸如采光、通风等的客观实际需要。因此，在改造重构过程中，需要重视其使用的功能性和美学价值属性。立面改造重构包含两方面的内容，首先是对于工业遗产中价值较高的建筑主体，立面部分要保持其真实性。在立面重构的过程中对于此类改造部分要采取“修旧如旧”的措施，确保其所承载的历史信息和艺术特征不被破坏。这些立面部分一般年代久远，受损普遍严重，有的甚至只剩下部分构件健在。更新过程中，应该以史料为依据，采取可逆和可识别的修复手法，在“修旧如旧”的同时体现新与旧的区别，例如由原金陵制造局原址再利用而成的南京晨光 1865 科技 • 创意产业园中就有建筑的立面修缮工作。

其次是对于工业遗产中价值含量较为一般的部分，对其进行改造重构的做法相对较为多元化。常采用的做法有部分更新、更换立面材料、外罩立面、整体置换等。

原建筑主体结构由于经济和技术等原因需要尽量维持原状、减少修改，可以调整新旧两部分立面的构成关系，更新或更换部分立面材料。使改造后的立面在具备美观性的同时融入历史性与文化，以简洁饰面材料的明快、轻盈衬托出原有的厚重、细腻。在达到功能上合理性的同时又能有效地传达不同界面的美学特性，有助于体现立面重构层次中的主次关系，突出工业遗产的特色重点。例如由国棉十七厂改造而成的上海国际时尚中心改造中，通过新材料的添加，使建筑立面呈现出一种新的表现特征，不同技术和审美形成了开放多元的立面秩序。

6. 外罩立面和立面整体置换

外罩立面和立面整体置换体现为在原有建筑立面的基础上覆盖以一层新的轻质表皮结构，或是将旧的立面彻底拆除仅保留其框架与结构。这类似于现代建筑设计中常采用的“双层表皮手法”。雷姆•库哈斯曾将跻身现代城市发展中大量的建筑造型具备表皮与内容脱离的基本特征，如同假面舞会。采用这两种做法既可以达成现代城市发展对再利用功能复合性的要求，又可以实现对立面特征的更新需求。在技术实现方面，由于外罩立面所采用的常有玻璃、有机透明材料、百叶及金属网格等材料，安装方式在原建筑之外通过高强螺栓进行结构体系的组装，施工便利。例如利用南京色织厂的多层钢筋混凝土框架工业建筑改造而成的南京金陵美术馆即是如此。金陵美术馆保留了色织厂工业遗产的工业特征，在外立面上使用穿孔金属板作为面材，同时金属板所形成的内小外大的虚体窗口，体现出丰富的肌理和视觉特色，形成了建筑形体厚重与柔美细腻共存的特征。

四、材质的运用

1. 金属材质的运用

随着金属冶炼技术、金属材料加工和金属表面处理技术的发展，现代建筑的结构材料、覆面材料更多地使用金属材料。金属材料具有鲜明的时代性特征，符合现代社会简单、理性的需求。金属材料与工业遗产本体的原有材料不同，具有可识别性，其材料与结构技术的介入，使建筑在空间形态发生转变的同时仍能保持工业建筑的真实性，体现出现代材料技术和美学特征与遗产本体的良好对比与融合。

金属材料具有良好的力学性能，可以为工业遗产改造提供坚固可靠的结构保证，同时其连接方式简便，通常采取现场装配的干作业方式，施工周期短，对建筑环境的影响小，对建筑本体的依赖与破坏程度较小。金属结构断面尺寸一般较小能够争取到更大的建筑室内使用空间。此外，金属材料应用于工业遗产再利用中，易于安装和拆卸的特点，使之具有可逆性，为再次整修和改建打下基础。例如，广州 TIT 创意产业园中使用钢材对原有的工业遗存进行加固和维护，金属构件有序地依附于工业遗产之上，新旧材料的并置，构成了现代元素与传统元素之间和谐的对话。又如，沈阳铁西铸造博物馆在原有铸造车间的基础上再利用而成，钢材的利用不仅构成了展厅的主体，对原有空间进行了加固，也成为室内空间更新的主要方式。

2. 玻璃材质的运用

玻璃材质运用到工业遗产再利用中也具有保持真实性、可逆性、可识别性，以及在新旧对比的同时体现现代审美的特点。在视觉上的通透性使玻璃能够清晰地展示旧有的建筑肌理或结构特色。轻盈的体量，以及通过反射和映衬形成的景观效果能够减弱新建部分突兀的感觉。玻璃材质可以应用到工业建筑的不同部位，如屋顶、外窗、隔断、新的玻璃幕墙等。

例如位于伦敦中心泰晤士河南岸的发电厂改造。原有的发电厂建筑外表由赭石色砖墙覆盖，高耸的大烟囱清晰地体现出其工业建筑的标志性身份。1994 年由瑞士建筑师雅克赫尔 • 佐格和皮埃尔 • 德 • 默隆进行了更新设计，改造为泰特现代美术馆的发电厂，其位于涡轮机大厅的屋顶狭长天窗被保留下来，原有材质被可以调节室内气候的玻璃替代，同时在建筑的顶部，建筑师沿着纵深方向加建了一条由磨砂玻璃构成的高约两层的采光顶，为美术馆提供充足的自然光线及调节室内气候，同时可以为游客提供俯瞰泰晤士河，欣赏滨水景色的休憩场所。

3. 混凝土材质的运用

混凝土材质在现代建筑中运用广泛，从最初的结构材料到现在成为富有表现力的外立面装饰材料，其表现力得到了极大的发掘。在工业遗产再利用中常用于一些价值层级较低的工业遗产再利用中，或是遗产中需要进行修补加固建造的位置。混凝土材质的运用是一把双刃剑，大量工业遗产本体是使用混凝土修建的，运用混凝土可以从形态上改变工业遗产，赋予工业遗产更强的现代主义风格，例如上海红坊创意园内工业建筑的改造。通过混凝土的重塑，从形态和流线上改变了原有建筑的场所特征。同时倾斜失重的混凝土体块，赋予了红坊创意园强烈的现代主义风格。但由于混凝土材质本身存在不可逆性和自身的物理缺陷，需要在再利用中慎重使用。

4. 保温与节能措施

工业遗产的使用之初主要考虑的是工业生产及相应的工艺需要。通常是不采取保温设施的，并且墙体高度很大，厚度很小，例如仓库、产生高温高热的生产型车间、南方地区的多数生产型建筑。再利用后常作为商业、办公、居住等有较多人员停留甚至居住的场所。新的功能需要将原有的建筑空间进行提升，改变其舒适度。

采取保温措施，首先应当更换破损严重的门窗，通过价值评价原有门窗对于维持历史特色有重要作用时，可保留原有门窗扇样式，利用墙体厚度，在旧门窗内部加设一层新的门窗。其次，对于可进行改动的门窗，可以保留原有洞口，按原有样式、尺寸重做，或者根据使用要求，重新设置门窗洞口。最后，对于作为承重结构和维护结构的工业建筑外墙及屋面，除去本身热工性能差外，往往还局部存在热桥、门窗缝隙的气流渗透等，需要进行增加保温隔热措施处理增强热工性能时，常采用的做法有增加外保温或内保温的措施。

屋面保温层的处理通常工艺流程为：基层清理、探险找坡、管根固定、隔汽层施工、保温层铺设、找平层设置。常采用的保温层有干法施工和湿法施工两种施工方式，干法施工通常用于松散保温层的铺设、板块状保温层铺设；湿法施工通常用于整体保温层。

墙面保温层通常的做法为：墙面基层处理、保温层厚度及构造节点处理、配置保温浆料（或使用板材）、抗裂层施工、面层施工。外保温的保温效果优于内保温的效果，但对遗产本体的影响也更大。

以上保温与节能措施的做法是目前通常使用的，与普通民用建筑的保温节能做法相仿。采用以上的做法的确可以改善室内的环境舒适性，但对于遗产本体的影响很大，如果采取不当，将会给遗产特色带来不可逆转的损害。因此也可以考虑在旧有建筑墙体外部加设新的幕墙，利用新旧表皮之间的隔层成为建筑内部与室外环境的一个缓冲地带。对于南方地区需要考虑增加外遮阳和遮光百叶等外部措施。

五、基础设施

1. 通风采光设计

良好的通风对于更新后室内环境的营造十分必要，再利用中可以通过门窗进行空气对流来实现，但受到季节、气候以及建筑进深的影响，实际改造中通常采用的方式有增加机械通风和空气调节设备，采取循环风加新风为主的送风模式，提升建筑内部空气质量。或在屋顶通风口采取通风口与太阳能板结合的方式，利用热压原理进行被动式通风。

例如德国柏林通用电气公司的主库房改造，库房原用途为仓库和电缆厂，是独立的多层厂房，原厂房共有五层，建筑顶部附设夹层，改造后的厂房作为小型技术研发企业和教育机构的办公场所。由于建筑屋顶破损老化严重，改造过程中进行了拆除重建。在不超过原有屋面高度的情况下，屋顶部分被替换为新的筒形屋盖，采用了钢结构体系，将太阳能光伏电池板与屋面造型巧妙结合（由于2000年德国颁布了《可再生能源法》，当地许多历史建筑更新中采用太阳能电池板）。更新后的屋顶由上部的带有定制弧形太阳能电池板的通风口和下部设置有电动外遮阳百叶的弧形玻璃窗构成。建筑顶部设置有回廊夹层，夹层与弧形外窗之间留有空隙，通过这些做法使屋顶的通风口可以带动室内上下和室内外的空气流通。

工业建筑的使用性质使有些厂房本身具有良好的采光和通风条件，厂房外窗的开窗特点一般体现为侧窗、高侧窗和天窗。其中侧窗只能满足一定进深距离内的采光要求，通常为了生产的要求会采取人工照明如车床灯、铣床灯，或在屋顶设置天窗作为采光和通风的辅助手段，例如纺织厂车间通常具备面积比较大的天窗，大跨度的厂房中为满足采光也常设置天窗。成为工业遗产后，天窗本身就是工业建筑的一个建筑特色，是明显区别于其他民用建筑的外部特征。常见的天窗根据横断面可分为锯齿形、M形、三角形、直角形、梯形等多种形式，是再利用中重要的元素。

在工业建筑内部的大空间经过分隔转为其他用途使用后原有的通风与采光会难以满足现有的照明使用需求。此外，由于工业建筑窗框所采用的木质及钢质窗框经历过多年使用后，本身也存在破损的问题，是在利用立面整治与改造中的重点。因此，对其进行采光设计时通常包括两个方面：一是是自然采光，二是人工照明。自然采光主要是充分运用原有天窗，保留原有开窗形式，仅仅更换材料，或是根据使用需求适当增加天窗，满足照度需求并烘托气氛。增加人工照明是在原有窗墙比无法改变的情况下，对室内顶棚、墙面加以人工照明灯光，适应特殊部位的使用功能要求。工业建筑更新中受到的限制条件很多，在已有建筑中引入自然光源的难度较大，较为常见的方法是通过在原有窗体上增加导光管、采光反光板、采光架等构件为室内提供漫射光，取得更好的照明效果。

2. 管网综合与消防设计

新建建筑的管网敷设一般位于地下室，建筑管网敷设好后与室外城市主市政管网相连接，并分期建设投入使用。工业遗产更新过程中，原有场地已经存在了为工业生产需要接入的供热、供水、排水、电力、电信、燃气等市政管网，其接入量一般都高于民用建筑的需求，但由于年代久远，管线走向布置情况复杂，同时存在管网漏损、腐蚀、老化、与改造后建筑功能要求不符等问题，需要进行相应的功能检测及改造来满足现状的运营。以厂房建筑再利用为创意园区为例，鉴于原有厂房一般没有设置地下室，为适应每个建筑单体分期投入使用的需求，需要先将综合管网敷设在园区主干道下面，给建筑内的管网做出预留。园区内的变电所设置应结合再利用后的商业、办公、展览等不同的建筑使用功能要求，对容量及配置作出有前瞻性的配置，预留出足够的面积，同时在靠近负荷中心设置。管网综合设计时还应注意当厂房改作餐饮功能使用时，需要考虑到增设隔油池、化粪池等的相应使用要求。

工业建筑再利用中另一个重要的问题就是消防问题。原有的厂房建筑无论在防火分区还是防火间距还是疏散距离上，都与再利用后的使用功能有着巨大的差距，根据 2015 年 5 月 1 日由住房和城乡建设部批准实施的《建筑设计防火规范（GB 50016—2014)》可以看出，改建后，防火要求有大幅度的提高。以下选取丁类和戊类厂房和仓库改造进行相关比较（由于这两类厂房原用途都是用于加工不燃烧物质进行相关生产，两类仓库也是用于储存难燃烧品和不燃烧品的，危险性较低)。根据规范规定，单层多层民用建筑，防火等级为一、二级时每个防火分区最大的允许建筑面积为2500平方米；防火等级为三级时每个防火分区最大的允许建筑面积为1200平方米。而原有的厂房主体一般都是开放的大空间，内部没有防火分隔。在进行防火分区设置时，可通过设置自动喷淋，增设落地防火卷帘，内部加设防火墙、防火玻璃来进行处理。在处理防火间距过小的问题上，可以在必要的位置减少开窗或使用防火窗、防火墙的方法来解决。同时在疏散通道距离及宽度的设置上要考虑增加疏散通道和出口，设置封闭楼梯间的方式来解决。同时考虑在必要的位置加设消防水箱，注重厂房周边的环形消防通道设置。

3. 材料的保护与修复

工业遗产所使用的建筑材料具有其自然属性和审美价值，承载着地域特色和历史文脉。在工业遗产的更新再利用中，对遗产的旧有材料进行保护与修复，焕发其历史文化价值十分重要。保护与修复主要针对随着时间的推移，工业遗产使用的建筑材料本身受到磨损，原有功能逐渐衰退丧失，物质性老化的情况。

工业遗产多是由砌体和混凝土结构或是钢结构构成，对其修复主要是针对处理永久性构件例如砌体结构的风化，墙面的污染，钢结构的锈蚀，混凝土结构疏松碳化，出现不影响承载力的裂缝等情况。修复中要针对不同的问题采取恰当的处理方式。例如对于清水砖墙的修缮通常的修缮程序为：清水表面清洗、砖缝清除、无损排盐、防潮层修复、表面增强、砖面风化修缮、勾缝修复、泛碱处理、平色处理、憎水保护处理等程序。钢结构锈蚀主要是通过物理或化学除锈后，对表面进行喷涂物理性或化学性防锈涂料处理。对于梁柱等出现的不影响承载力的裂缝，可使用表面修补法、充填法、注入法进行裂缝的处理。

上述的保护修复方式都体现为对永久性构件采取的“修旧如旧”的方法，只去除构件中腐朽、无法恢复的部分，防止进一步损害的发生，保留历史发展过程中因生产带来的斑驳、陈旧及沧桑的感觉。例如广州中山岐江公园中所保留的原厂房锈迹斑斑的钢结构，唐山启新水泥厂水泥窑、筒仓、车间中历经风雨的砌体结构，上海 1933 老场坊中的混凝土结构。

因此，保护与修复不仅是简单的修缮、补强，恢复原有材料的功能作用，更应该重视发掘工业遗产空间价值和历史、文化内涵，恢复空间最初的精神实质和本来的风格面貌。

4. 结构的加固与改造

工业建筑在设计之初，考虑到功能和承载力的需求，结构可靠性较好，一般比较坚固，但随着使用年限的增长，生产转型后原有荷载的卸除，需要对原有结构体系进行结构加固，原有建筑设计时抗震要求及等级与现行体系不同（主要体现在砌体房屋设置构造柱的要求，混凝土结构中砌体填充墙设置要求，屋面支撑、柱间支撑等），需要进行抗震改造方面的相应补强处理。

结构体系的补强工作方案确定前，必须开展大量细致地调研工作，由于工业遗产使用年限较长，环境与所处情况一般也比较复杂，主要受力结构现状、受力传递途径和结构的材料构成有无老化现象等需要进行考量，此外维护结构和受力结构的构造节点保存现状都是应该进行详细了解的，实施加固方案需要考虑改造前与改造后相比原结构体系力的传导途径是否清晰，当新旧结构或材料之间需要采取可靠连接时，要考虑不同的加固支撑体系的施工技术特点和对原有遗产本体的破坏与影响，尽量减少对原有结构或构件的拆除和损伤。

对工业遗产加固中常见的结构体系有砌体结构、混凝土结构、钢结构等。针对砖石结构构件强度不足所采取的补强加固方案包括：使用钢箍、增加配筋、注浆加固砌体、使用附加结构。混凝土结构加固常采用的方案包括：加大截面加固、增设构件加固、外包钢（湿）加固和外包钢（干）加固、预应力加固、粘贴钢板加固、增设支点、粘贴碳纤维加固、喷射混凝土补强、托梁换柱等。钢结构的加固通常采用加大构件截面法。

结构是工业建筑的骨骼，也是工业精神的精髓所在，有着形式多样造型各异的特点。结构加固与抗震改造的目的不仅仅是发挥结构的实用性，更是挖掘结构的艺术性，体现历史的真实性与可读性。因此，在结构的加固与改造过程中，需要对结构加固改造的可逆性加以考虑，以利于日后的保护修缮工作。

第九章　新形势下的发展

工业遗产再利用是一个“旧瓶装新酒”的过程，在其发展过程中保护与更新的矛盾始终是一个存在已久的“旧问题”，要解决这个“旧问题”不仅仅要依靠对现实情况的了解，对技术手段的把握和运用，还要加强思想层面的重视，更要紧密贴合新的形势，以新形势下的新的发展动力、新的观念和新的模式引领我国工业遗产再利用的发展。新的发展动力是城市化发展到当前阶段发展模式由增量向存量甚至减量转变，土地的利用方式更为集约；新的观念是新的政策引导、规划模式引导；新的模式则是在包括新常态、新的经济发展背景、新的文化生态与技术策略之下，如何结合新形势，解决工业遗产更新再利用这个老问题，从新常态入手，探析存量规划、多规融合以及体验经济带动下的工业遗产再利用发展。然后，对目前工业遗产再利用中出现的低技术干预手段进行分析。最后，在都市乡愁这个大的文化语境下，探讨工业遗产再利用在其中的体现。

一、新常态下的再利用

习近平总书记2014年5月在河南考察时首次使用“新常态”的概念，7月习近平总书记在召开党外人士座谈会上再次提到“新常态”。2014年年底召开的中央经济工作会议中强调：“认识新常态，适应新常态，引领新常态，是当前和今后一个时期我国经济发展的大逻辑。”

“常态”指的是一种稳定的状态，“新”体现的是与旧所不同的意义，新常态体现得更多的是一种趋势性，并非已经进入新常态，而是正处于向新常态过渡的过程中，正在逐渐成为经济发展中较长时期稳定存在的特征。这也表现我国的经济发展已经进入一个新的阶段，增长态势虽然不再保持高速，但将更为稳健。

经济发展的新常态由多种产业和因素的合理状态共同构成。首先是城市产业结构的新常态。城市的产业结构逐步由中低端水平向中高端水平转换。改革开放以来较长的一段时间里，我国的产业发展方式为简单、粗放、高投入、低产出的模式，价值链条高端的产业占比极低、利益与产出不高、产业竞争力不强、核心技术受制于他人、缺乏科技创新能力，以及科技与产业的融合力度不够。这些问题始终困扰着中国的产业发展，钢铁、水泥、玻璃等传统制造类产业达到峰值产能过剩。产业结构将向资金密集型和知识密集型的产业构成转变。

其次是城镇化的新常态。伴随着传统产业供给能力大幅超出需求，劳动力成本上升，人口老龄化加剧，人口红利不断减少，“刘易斯拐点”正在加速到来。“刘易斯拐点”时期，中国的城镇化产业呈“雁阵模型”分布。以北京、上海、广州为代表的东部发达城市属于第一类型，传统制造业基本外迁出城市，第三产业发展趋近于中等发达国家水平；中西部内陆省份的省会、直辖市和人口规模超百万的城市属于第二类型，这些城市承接了部分东部地区转移来的传统制造业和加工制造业，第三产业发展水平相对东部地区落后；除此之外的二、三线城市构成第三类型，产业发展类似于第二类型，但因生产、生活环境与成本存在差异，第三产业发展水平不高，吸纳劳动力的水平有限。

总的来说，中国的城镇化正以由劳动力为保障的工业推动城市化模式，向劳动力短缺和劳动力成本迅速上升的城镇化发展。城镇化并不仅是注重空间与物质建设的城镇化，且对城镇化质量的提高、城镇人口素质的提升同样注重，因此由服务业带动城镇化发展成为未来城镇化发展的新常态。

新常态为工业遗产再利用带来了新的机遇、新的条件，同时也可能带来新的失衡问题。新的机遇体现在，尽管在劳动力成本上升对产业发展带来了影响，但随着科技水平的进步，资金丰裕程度的提高，高学历人才占比的增加，使新兴产业发展得到了很大的提升，利用工业遗产改造为引进新兴产业入驻的产业园区是目前各城市中常见的做法。

新常态为工业遗产再利用带来了新的条件，主要是步入工业化后期阶段新的经济发展模式，经济体形态所带来的新发展需求。例如共享经济、体验经济等经济模式为工业遗产再利用起到了极大的推动作用。而城市发展进入存量管理为主的阶段也为工业遗产再利用提高了曝光率。

新的失衡体现在：工业遗产再利用的区域发展差异将进一步加大，可能加剧区域间再利用模式的失衡。中国的城镇化进程表明，通过第三产业来带动产业结构升级发展经济的趋势并不适合所有类型的中国城市。除去北京、上海、广州等城市，多数城市仍应该注重发展制造业和生产性服务业。体现在工业遗产再利用的影响上则是以北京、上海、广州等第一梯队的城市工业遗产再利用仍将保持相当的热度，再利用的模式将更加倾向于多元化，商业化的改造。对其他城市而言，实用化并且富有地域特色的工业遗产再利用将是下一步改造的趋势。

二、存量规划

新常态下对于工业遗产再利用的“新”，在操作与设计的相应技术环节，并不是要对原有的工作体系推倒重来，更多的应该是在继承原有成功经验和成功做法基础上进行的，应该以提高工业遗产再利用工作成效为出发点，面对当前城市发展建设的新形势和新要求。首先要面对的就是为了提高存量资产收益进行的城市更新，而存量规划正是城市更新的重要工具。城市政府目前越来越重视借助存量规划的手段促进城市建成区空间结构优化调整。存量规划具有控制城市开发，引导工业遗产再利用发展的作用。

2014 年 9 月 13—15 日，由中国城市规划学会主办，以“面对存量和减量的总体规划”为主题的 2014 中国城市规划年会自由论坛，就对规划由增量规划向存量规划的过渡进行了探讨。

存量规划的产生，始于以增量土地换取城镇化发展的方式难以为继，许多城市面对城市无序蔓延、土地管理失控、人口和资源环境的矛盾加剧、城市建设用地紧张等发展问题，经历过用增量的手段来化解过去以存量为主的矛盾后，在当前面对增量不足的城市发展背景下，在原有空间基础上进行处理。通过存量规划进一步改善城市环境成为城市规划的必然选择，这对工业遗产的更新再利用有着极大的推动作用。

存量规划包括土地整备与拆迁安置规划、旧城更新与改造规划、环境综合整治规划及交通改善、基础设施提升规划，以及历史街区和风貌保护规划。市场评估、经济测算和财务分析等是存量规划有别于传统空间设计的地方。

存量规划阶段国家严控新增建设用地指标的政策刚性约束，城市建成区更加重视空间功能提升和环境改善，也更加注重城市中历史文脉的重塑。

根据中原地产市场研究部统计数据显示，截至2015年8月25日，北京、上海、广州、深圳、南京、天津、杭州、大连、重庆、吉林十大城市合计土地出让金为3953亿元。而在2014年同期，这一数值为5802.6亿元，同比跌幅32%。2015年十大城市土地出让金可能达到6年来最低点，同比跌幅有可能超40%。土地出让金总量在下降，显示市场在紧缩，但土地的供应价格在上涨，城市中心区位存量土地价值得到重新认识和发掘。使用者手中握有存量土地的使用权，土地再开发取得的收益分配更加复杂，政府和社区以及市场主体各方都要从此分得一杯羹。

资本具有逐利的特点。引入资金是工业遗产再利用中的核心问题，但目前存量规划的政策变化较多。目前的城市对于工业用地出让分割限定较多，如上海市在《关于委托区县办理农转用和土地征收手续及进一步优化控制详细规划审批流程的实施意见》中明确规定，同一地块内进行产权转让时，不得分割转让。深圳市则在《深圳市工业楼宇转让管理办法（试行）》中规定了在九种情况下可以进行产权分割转让。此类政策的出台促进了产业用地的区域性更新，但这种更新模式带来局部空间开发强度的加剧，通常是大片区一次性地更新，工业遗产面临更大的推倒重来的风险。这造成在开发工业遗产所在用地的经济投入方面，要承担更大的投资风险，需要政府或国企等有雄厚经济开发实力的单位前期投入大量的资金，不利于驱动民间资本的介入、不利于丰富投融资渠道，从政策落实的角度来讲，减弱了对工业遗产小规模渐进式开发再利用的可能。对待工业遗产的再利用，如何避免过去大规模的拆除重建，而采取局部恰当更新，保持历史风貌，将是未来需要持续关注的要点。

三、多规融合

长期以来我国的空间规划编制分属不同行政主管部门负责。但由于各部门行政职责、工作方法、出发角度及关注点等方面的不同，最终形成的规划体系的指导思想、规划原则、规划要求、执行标准存差异。最为常见的就是国民经济与社会发展规划、土地利用规划和城市总体规划、产业园区规划、生态规划等多个规划之间，彼此孤立，存在相互间“打架”的现象，难以系统化地对城市的发展起到很好的引导作用，造成规划的管理及有效实施上的不便，在增加了规划编制及实施工作成本的同时，还引发了城市空间管理无序、土地资源浪费、生态环境失衡等问题。上述问题体现在工业遗产的保护及再利用方面更为明显。往往是工业遗产所在地块经过普查、论证要成为遗产，对其保护与再利用应注重城市特色与历史文脉的营建时，才发现在城市的土地利用规划时，该处用地早已变成了居住或是商业用地。

对如何解决将多种规划合而为一的问题，近年来我国政府进行了大量的探索，例如 2008 年重庆市、太原市试点“四规叠合”，上海市试点“两规合一”。而在习近平总书记 2012 年 12 月 15 日在中央经济工作会议上的讲话中提出了“政贵有恒”，提出要真正做到一张好的蓝图一干到底，不折腾，不反复，切实干出成效来。

在 2013 年 12 月召开的中央城镇化工作会议上，提出了新型城镇化建设的六大任务，其中提出了“一张蓝图干到底”的精神。为解决国民经济和社会发展规划、土地利用规划、城乡规划、生态规划等空间规划体系在各自工作目标、空间范畴、技术标准、运作机制等方面存在交叉和矛盾，需要发现和解决多种规划之间的差异和冲突，为“一张蓝图干到底”提供高度协调统一的权威空间规划指引。

“一张蓝图”的概念指的是指导城镇及区域发展的“统一空间规划体系”。基本思想是把空间内城市管理的相关主题要素，基于统一的坐标系统、标准数据和符号等集中展现出来，为不同的规划提供具有统一视图、尺度、内容的权威信息参考，通过信息技术的支撑，进行信息浏览、查询统计、分析决策和共享利用的业务服务支持，来提升多源信息支撑下的多个行政部门工作编制目标的协调一致性和规划工作效率。除了政策和管理策略的支持外，在技术层面的实施可以借助 GIS 技术的手段，基于地理信息系统的平台实现多规合一。

通过统一、稳定的信息系统综合数据的管理、展示、分析和共享，城市管理者和运营者可以发现多规之间存在的冲突，分析其原因，寻求解决路径，动态跟踪规划实施，对规划作出有效的评估和分析。这种基于信息技术的信息平台引领了技术层面的广泛协同，对工业遗产再利用将产生重大的推动作用。通过信息平台的建设，可以了解工业遗产所在用地的土地现状，时空特征，寻求造成工业遗产更新再利用受到影响的各个规划之间的矛盾点。从技术层面看，这种策略具有一定可以实现的基础。目前，对工业遗产的保护与再利用相关信息平台建设工作已经进行了大量的实践探讨与数据积累。如天津大学中国文化遗产国际保护研究中心对全国工业遗产基本数据尤其是北部沿海经济区的工业遗产保护与再利用数据进行了建设。这为工业遗产保护与再利用规划未来与其他规划协调和衔接打下了基础。

四、体验经济

体验经济也被称为体验产业，是服务经济的延伸，也是当前人类经济生活的新的发展阶段，不同于以往的农业工业商业经济。体验经济发展时期，服务业发展呈现为不同态势，体验经济以独特模式引领经济发展进入新阶段。作为一种新的经济形态，体验经济主要以客户体验为中心，侧重客户在经济消费过程中有形和无形的体验。目前，体验经济已影响了社会的各个行业领域，反映了目前的商业消费行为和消费心理正在进入一种新的高级形态。

根据体验的需求，体验经济产品可分为：探险型休闲旅游产品、刺激型休闲旅游产品、怀旧型休闲旅游型产品、求新寻异型旅游产品、人文消费型休闲旅游产品、生态旅游性产品、游戏娱乐型休闲旅游产品。体验经济的核心在于参与性，通过顾客体验消费过程中的经历，创造一种难忘的经历。

根据体验深度的不同体验经济产品又可分为表层体验、中度体验、深度体验三种。其中表层体验类的产品需要依靠产品本身的稀缺性和独特性来吸引消费者，中度体验类的产品则通过消费者近距离接触和参与特色活动，来形成独特的节庆活动，如运动、娱乐、节庆活动的开发。深度体验类产品是消费者通过完全融入消费活动中来切身体验挑战产品与内在的文化。

通过分析体验经济产品与体验经济活动的特点，可以看出，其中与工业遗产再利用后的功能用途有很多的契合点。体验产品的体验动机中所包含的对于求知不同的生活体验，对过往生活方式与情调的怀念与向往，体验人文、历史、文化，走进自然等方面的需求，恰恰是工业遗产再利用后形成的商业业态所涵盖的。

工业遗产再利用后形成的具有主题特色的工业遗产旅游项目或者公共景观就是如此。一方面可以提供游客休闲娱乐、身心愉悦的场所，例如将废弃铁轨变为绿道的纽约高线公园，又如美国西雅图市的煤气厂公园利用原生产煤气的炼油厂用地经生态治理后改造而成的城市公共空间。这类的改造再利用可以满足游客暂时逃离日常生活状态的心理需求，同时又可保留原有工业景观。另一方面可以满足消费者的情感诉求，这也是工业遗产独有的景观魅力。当城市面对势不可挡的“逆工业化”潮流，传统的工业遗产越来越具有不可替代的“标本”意义和功能，经过再利用的工业遗产，成为充满回忆的场所，参观者通过游览厂区内锈迹斑驳的设备、铁轨、建筑物和构筑物、展览的历史照片或档案，可以感受到工业曾经的辉煌。例如阜新海州露天矿国家矿山公园，游览者会受到工业遗产独特的大地景观所带来的视觉冲击与震撼，与此同时，当参观采煤工业现场时，又会因融入生产活动当中而感受到人类的智慧与工程的艰辛。

工业遗产再利用项目一般是在原有旧厂房的基础上经过修缮或改造形成的。其中一些制造业类的工业遗产，某些生产环节或是生产流程还具有生产能力，可以改造成相关的工业体验类消费项目，来满足消费者的好奇心与求知欲。让消费者在享受遗产旅游的同时消费工业文化。例如台北啤酒厂文化园区，结合原有的啤酒酿造流程进行动态生产过程与静态文物展示，在啤酒生产仿真教室介绍啤酒生产，并且以缩微的方式帮助消费者了解啤酒的生产过程。又如位于广东佛山的南风古灶文化步行街，结合制陶工业与历史的文化背景，设立大型的手工制陶中心，通过游客亲身参加陶文化体验，进行制陶过程的实践，进而拉动所在街区的工业遗产更新。

目前，我国人均 GDP 已超过 7485 美元，而人均 GDP 和收入水平的不断提高，带来的必然是文化、旅游方面消费的增加，从基本生活消费转向追求精神满足的消费。而体验经济的介入，正可以满足消费者的上述需求，同时对于拉动城市中不同区位，不同产业特色的工业遗产起到极大的推动作用。

第十章　低技术干预

一、技术干预思想

国际建协《北京宪章》指出：新世纪人类文明进步是不断受到技术发挥的促进作用的。多种技术并存是当前的特征。注重高新技术创新，才能促进生产力的迅速发展，但成功的关键仍然依赖于技术和地域文化的创造性结合。

根据建筑遗产的价值评估和受损形势确立的修缮技术或是更新改造手段就是技术干预手段的策略体现。作为对建筑遗产本体外加的影响，技术干预本身就可能是一把双刃剑，会带来不同的干预结果。有鉴于此，我国和世界上的许多国家在对于历史建筑的修缮或是更新过程中会有一套比较成熟的体系，针对不同的建筑单体、建筑的不同构件、不同部位的受损程度，再结合历史建筑所处的环境采取不同级别的干预程度。

对于古建筑和文物建筑，以及历史风貌建筑修缮过程中的技术手法的运用程度，我国目前已有一些相应的规定，例如在《文物建筑修缮工程操作规程》中对不同工艺的修缮有详细的规定，对于技术干预的程度可以较为科学的把握，从而避免对遗产本体的“保护性破坏”。对工业遗产而言，首先是没有相关的独立技术规程，重视较晚，并且工业遗产的建筑本体所采用的建筑材料与建筑手法与当代差距不大。因此在缺乏统一标准指导情况下，对工业遗产更新中过度的技术干预应用现象比较常见。最常见的是建筑师在进行工业遗产更新的设计中，希望融入更多的设计思维，体现新与旧的冲突。例如著名的建筑师雷姆库哈斯在参与的伦敦泰特美术馆投标方案中，对于泰晤士河边的老发电厂改造为美术馆的过程中，在竞赛组委明确要求保留发电厂烟囱的前提下，设计中只留下了烟囱的结构，并未保留烟囱的外皮，同时原有涡轮机车间建筑只留下了建筑外皮与部分结构来组织美术馆的展览空间。设计方案中对发电厂的建筑遗存进行了很大的技术干预，这可能也是未被组委会采纳的原因。

对我国目前的工业遗产更新再利用而言，设计中技术干预过度的案例比较常见，这是由于在多数人看来，旧建筑改造尤其是旧工厂再利用后一定要体现出废旧立新的变化，侧重于改造过程中加入的新元素与手法，原有的历史氛围和建筑环境成为烘托新功能的龙套。

二、极少主义的技术干预思想

极少主义艺术所重视的是通过简洁的形式来反映事物的本质。极少主义的绘画造型简练、色彩单纯，体现出一种无特征的解构形式。多体现在建筑设计中的极少主义更多的呈现一种删繁就简的状态，注重建筑形式的简约，注重突出建筑构件或是材料的本质属性，而不是突出建筑的表面现象。极少主义对于建筑形体和空间功能以及建筑材料的还原，减少了主体之外的一切外来干扰，体现了对建筑本质的还原。这种设计手法与技术干预思想正是与遗产改造中的真实性原则相吻合的。

在工业遗产再利用的改造案例中，极少主义的干预手法在保留历史印记会带来与众不同的感觉。例如位于上海苏州河的登琨艳工作室，在将原有仓库改造为工作室的过程中，设计师认为他所做的一切都是还原，通过将附着在仓库上的物体剥离拆除后，恢复建筑的本来面貌。在功能更新的过程中本着对建筑尊重，任何改造都尽量不体现新的痕迹，使新的功能与旧建筑呈现出完美的共生状态。又例如在大华1935的更新改造过程中，对于极具历史特色与沧桑感的原长安大华纺织厂大门的修复，设计师只通过外包钢法增加了必要的加固措施，遗产的本体仍然清晰可见，体现了对工业遗产和历史的极大尊重。

工业遗产本身的结构明确，形体一般比较简洁。通过极少主义的技术干预介入，可以避免对遗产本体造成不可逆的破坏。用最小的技术代价取得了最大的更新效果，工业遗产承载的历史信息得到最大程度的再现。

三、低技术干预手段

20世纪后半段，伦佐皮亚诺和理查德罗杰斯引领的高技派建筑给人带来耳目一新的感觉，其对于建筑风格的影响一直延续到今天。典型的高技派技术干预手段在历史建筑更新中的应用，例如诺曼福斯特主持的德国议会大厦改造工程，通过结合生态技术的玻璃穹顶成为柏林的标志。

相对于高技术来说，低技术干预手段对于工业遗产再利用从小众走向大众，提高大众对工业历史环境的认同感有很大的帮助。如果说高技术干预在工业遗产中再利用体现为集合了新材料工业设备设计方法的聚合体，低技术干预手段则更多地体现为朴素直接的更新。低技术干预手段体现的是从本土出发，在重视当地文化的前提下，运用当地易得建筑材料，使用较低的技术手段，更多的是通过充分的构思和设计来以较低的成本与较小的干预达到更新目标。

例如河北原唐山面粉厂的改造具有公共博览性质的城市公园过程中，通过极少的加建将仓库与山体通过连廊与水池相连形成统一的整体和通透的景观系统。该项目获得2010年美国建筑师学会会刊《建筑实录》杂志评出的“最佳公共建筑类杰出大奖”，并被评为“年度最佳项目”。

四、都市乡愁

现代都市诞生后，都市文化便从传统农业文明中分离出来，成为独特的“文化景观”。现代城市引入了西方的资本模式和生活方式，混凝土森林和千城一面现象是都市情节的迅速反应。对现代城市和现代文明不乏热烈的礼赞，但与之结伴而行呈现的则是另一片园地——都市乡愁。乡愁意识具有心理的自然性和普遍性，“乡愁”和“怀旧”基本上是同义词，含有回家返乡和思乡的意思。乡愁是人们对过去生活环境、方式的一种情怀，一种饱含对过去纪念与回忆的强烈情绪。在社会历史发展变迁的过程中，越来越多的人怀着一种乡愁回望过去、展望未来。在2014年“两会”召开前，习近平总书记考察了北京市南锣鼓巷片区的雨儿胡同，提出应加快老旧城区的更新改造，改善人民的生活条件，提高人民的生活水平，同时要重视历史文化，加强对历史文化的保护。在这之后，李克强总理在“两会”上也将新型城镇化建设中要注重文史文化保护纳入2014年政府工作计划中。其中，如何平衡老旧城区的更新改造与古城历史风貌保护之间的关系成为我国和当地政府亟待解决的现实问题，一面是人民群众的基本利益和城市发展更新，另一面关系到我国历史文脉的传承和发扬。“两会”期间，一些人大代表和政协委员认为虽然每个城市所面临的问题各有特点，但有一点共通之处便是保护与改造老旧城区的历史文化景观得以体现美好的乡愁意识。

在当今社会发展形势下，“乡愁”更注重强调的似乎是城市工业化与新型城镇化的发展目标，这里的“乡愁意识”更多的体现为原有社会结构与秩序、历史风貌被破坏和消失的担忧。2014年第五届中国工业遗产学术研讨会的主题为“都市乡愁与工业遗产”，举办相关研讨会的目的就是希望寻找我国工业遗产研究与“都市乡愁”的概念联系。

新型城镇化中的乡愁意识可以满足当地人们对于本土文化和情感的精神需求，是一种必须遵循的城镇化规则，既能够保护本土历史文化、保留历史记忆和人文精神，又能更有效、更长远地传承本土文化和文明。对于工业遗产发展来说，要有乡愁意识，这是保护和再发展的前提，乡愁主要体现为回归精神，是人们意识中普遍的现象，对过去工厂生活和集体记忆的怀旧能够产生一种必要的反思作用，有助于将工人阶级的情感与集体记忆结合，及时地调整工业遗产再利用的发展方向和实施策略。

总的来讲，目前附着于工业遗产中的乡愁大致可分为两类。一类是曾在工业遗产的生产一线工作过的工矿企业的工人阶层，他们曾伴随企业一同发展，经历几十年的风雨，他们的人生命运是与工矿企业的发展休戚与共的。这在新中国成立后创办的工矿企业中表现得尤为明显。工人阶层对于原有企业的乡愁情感包含多个层次。首先是在中国社会主义建设时期，集体意识与国家意识共同影响下，作为工人阶级具有强烈的自豪感、认同感和主人翁意识，例如“咱们工人有力量”“工人老大哥”“工人阶级领导一切”等富有时代特色的口号、标语和所代表的精神。这种作为工人阶层的幸福感贯穿了整个计划经济的年代。其次是时代变迁所带来的失落感，这始于20世纪80年代末一些企业由于不适应市场竞争、技术和管理落后等原因开始不景气，甚至倒闭破产。随着改革的深入，20世纪90年代大量国企改革转型，大量的产业工人的生活状态就此改变，工人阶级的社会地位发生了富有戏剧性的变化，工人社会群体失落、落寞感强烈。例如沈阳的铁西工业区。铁西区是我国的综合性工业生产基地，素有“东方鲁尔”的美誉，有着60多年的发展历史，存在大量的工业遗产。其中铁西区工人村是1952—1953年苏联专家指导下建造的工人居住小区，曾一度成为工人阶级新生活的象征。在东北老工业基地振兴和城市改造的背景下，经过更新改造，成为展示当年工人生活状态的铁西工人村生活馆。另外的沈阳铸造厂曾是亚洲最大的铸造企业，经过再利用后成为沈阳铸造博物馆。此类的工业遗产再利用通过展示旧日的生活场景，部分保留的生产流线，以及相关的历史、档案、文献、影音资料等成为供人穿越时光、缅怀“乡愁”的场所，这种“乡愁”在工业遗产更新后的运营中，有着相对固定的受众和精神消费群体，但由于模式相对固定，容易使更新后的工业遗产呈现出活力不足的状态。

另一类的乡愁则体现为“企业办社会时期”，产业工人的家属，或产业区周边生活的居民的怀旧情结。如果说前一种乡愁体现为集体记忆，那么这一类乡愁则更多地体现为个人感知与情结。对于因工业而兴起的城市中的居民，虽然不同于“看得见山，看得见水”的浓浓乡愁，但曾在城市中布局的一个个企业单位大院曾给他们的生活与日常行为带来了巨大的影响。在重视工业建设，消费建设不足的特殊时期，单位大院成为组织经济生产、居民消费、社会管理的重要形式，为职工及家属解决从住房、教育到医疗各方面的社会保障问题。这种大院文化与居民的家庭生活融合在一起，形成了居民阶层对于老工业建筑的浓厚单位情结。而此类工业遗产一般在城市中占有较好的区位，在利用过程中通常是改造为具有时代回忆特色和新时期商业氛围的创意产业，例如京棉二厂改造成的莱锦创意产业园、798 艺术区、751DPark 等，通常是尽可能地保留旧工业厂房的建筑主体为依托，将工业时代遗存的改造融入历史的沧桑感，在最大限度保护的前提下，将原有空间转型为创意空间，包括休闲区、商业区、文化展览区等，在这种再利用模式中，工业遗产的历史工业文化与商业开发发展并存。对于上述两种乡愁在再利用过程中的体现，前者更侧重的是宏大的历史叙事，而后者更多的是消费时代的小资情结。

如何理性化的在设计中通过引领工业遗产的科学再利用，避免再利用中工业遗产因过于重视静态展示利用而失去活力，或因过度的商业开发而成为商业营销的噱头，寻求二者之间的平衡。首先在工业遗产空间布局再造手法上的运用上，应注重赋予新空间更多的情感因素，建筑情感是人与人、人与空间、空间与空间之间更好联系和表达的最重要因素。关注工业遗产再利用中的乡愁意识，用新型设计元素传承和串联历史记忆的碎片，更好地保持旧工业厂房的真实性和完整性，同时打造了丰富的全新建筑空间。其次在工业遗产建筑元素选择上的运用，以更多的机会融入乡愁意识，使人们通过建筑内的元素来回忆时代的记忆。选择具有年代代表性、能够传承历史文化的元素，如旧建筑的砖、柱、墙面与门板之间的框架、顶棚与天窗、穹顶、门窗、烟囱、屋顶，以及构筑物小品等，如工厂内的废旧机床、机械、工业流程用具和极具时代特色的标语。将旧工业遗产中的旧建筑元素以不同的形式和新的建筑元素进行再造、组合与运用，进而得到了整体的突破，使人们在享受当下生活方式的同时体验旧时代的精华。

第十一章　文旅融合

京津冀地区作为我国工业旅游发展的先驱，早在20世纪初期就有了开展工业旅游的意识，并因此建立了第一批工业旅游示范区，包括国家级工业旅游示范点与省级工业旅游示范点。洋务运动时期，京津冀地区主要工业企业已经逐步开始走入工业近代化。洋务派首先在北京、天津、河北一带创建了一系列煤矿、铁路与军工企业，并开创了我国华北平原地区工业化发展的先河。民国时期，煤矿企业被日本人占领，随后又由英国人接管，并开始了与英国人长达六年的抗争，最终由我国近代著名实业家周学熙夺取管理权。抗日战争期间，沉重的赋税和外货的入侵使一些重工企业的生产产量由高潮走向衰退。1949年新中国成立以后，国家开始实行第一个五年计划，京津冀地区的重工业也随即发展起来，与此同时为中国北方培育了第一代产业工人。

工业遗产作为京津冀地区城市文化再塑造的重要物质载体，所以当地政府十分重视对工业遗产的保护和管理。例如2004年北京市第十二届人民代表大会常务委员会第十三次会议上，审议了《北京历史文化名城保护条例（草案）》，该《草案》提出首钢与东郊纺织厂等一些建于20世纪50年代的大型企业，应当作为北京市工业化发展阶段的历史遗迹并加以保护。2008年《北京市规划委就京棉二厂工业遗产保护利用规划》对当地工业遗产资源进行了妥善保护，并于同年以创业产业园区模式对京棉二厂进行开发。2009年北京市规划局、市规划委、市文物局联合颁发了《北京市保护利用工业资源发展文化创意产业指导意见》。2006年天津市规划局颁布《天津市总体规划（2005—2020）》，并将该市工业遗产主要划分为三个区域，包括城区中心、海河中上游地区与滨海新区中心区域。2014 年 6 月天津市规划局颁布了《天津市工业遗产保护与利用规划》，将天津市现存的工业遗产分为“自上而下”和“自下而上”两种保护层面，前者是指已经被列入京津冀地区工业遗产文化旅游的基本原则与发展对策列入国家工业遗产保护名录，并由政府投资进行保护的工业遗产，而后者是指未被列入国家工业遗产保护名录，由与其相关的工业企业联合投资进行的工业遗产保护。

一、存在问题

1. 京津冀地区工业旅游形象不够突出

从京津冀地区工业遗产文化旅游到地域文化特色旅游再到城市滨海旅游，其旅游形象定位缺乏“特征”。如北京市政府曾以“东方古都，长城故乡”为旅游主题进行推广，天津市政府又以“天天乐道，津津有味”为形象口号进行宣传，唐山市政府则以“凤凰涅槃的奇迹”“近代工业的摇篮”作为城市旅游主题的标语，虽然这些主要工业城市的旅游形象标语标新立异，但这一举措并未让游客对京津冀地区的工业遗产的整体形象形成一种稳定统一的社会认知，城市形象的个性化不够突出，并在发展过程中逐步弱化工业城市的印记。此外，不合理的城市形象定位会造成京津冀一体化工业城市旅游品牌效应不明显，当前工业旅游大多处于单独“景点”的旅游经营模式，很难形成具有影响力的工业文化旅游城市品牌。经调查发现，京津冀地区工业旅游营销模式的不足主要包括以下因素：一是仅采用报纸、杂志、广告进行宣传，其推广模式单一且销售活动较少；二是缺少对当地游客以及客流量较多的地方进行联合营销与商业促销等方式。

2. 工业遗产保护专项资金投入不足

京津冀地区政府主导的工业遗产保护作为旅游业发展的源泉，它不仅可以承担对工业遗产保护的责任，还应对相关基础设施和一些具有重要价值、投资金额大且风险高的开发项目有所承担，并将其纳入国民生产与社会发展的规划中来，从而合理分配财政预算。但当前京津冀地区工业遗产的保护与再利用工程需要政策制定者在改善过程中，立足工业企业的历史事实，且根据不同历史时期澄清其工业发展轨迹，在整体规划上应做到统筹兼顾。此外，政府部门应充分采纳相关学者提出的建议，广泛吸收各种优惠政策，特别是对一些基础设施建设实行金融优惠与财政补贴等政策，对外开放的同时组建多元化的投资与融资体系，最终确保了京津冀地区工业遗产保护与管理的资金需求。

3. 公众对工业遗产旅游认识不足

虽然京津冀地区工业遗产历史久远，但许多民众对其中所承载的历史、科技、文化等价值了解甚微，因此在推广京津冀地区工业遗产的保护策划中，应特别强调全民的参与性。例如英国的布莱纳文工业景观，每年都会开展丰富的艺术节庆活动吸引观光客来到城镇，将该地区古老的采矿业文化与现代旅游相结合，带给游客新鲜感、开放性、创造性的旅游体验，并得到了市民和市场的广泛认同。据统计，每天有约 92000 名游客到此游览，为 34000 人提供了直接或间接的就业机会，旅游收入到达了 4 亿 6400 万欧元。这些活动是响应当地经济的实际需求，并在大众的参与下，使布莱纳文工业景观营造出一种创新、互惠与可持续发展的良好状态。

二、资源与政策

1. 国家顶层政策支持，大力发展工业遗产旅游业

当前，以京津冀地区工业遗产旅游为区域经济发展格局这项任务已步入正轨，当地政府不仅加大了对工业遗产旅游发展的资金投入，还要给予相应的技术支持。

“东方古都、津津有味、宜居靓城、天下一关”分别是现阶段北京、天津、唐山、秦皇岛四座城市指定的城市旅游形象宣传语，由此可见，让京津冀地区主要工业城市发展成为工业旅游城市这一转型策略是必然的，且这些城市在政策上也十分支持工业遗产相关企业去推动工业旧址的改造与升级。2011 年，北京、天津、唐山、秦皇岛、沧州五座城市已被成功列入我国北方沿海发展规划当中，其中涉及的企业与其相关产业种类繁多，并且以北京、天津、唐山为主

导的三座城市在京津冀协同一体化中占主导地位，其实施战略包括模拟京津冀地区城市转型框架，以及在土地、财政、融资、环保测评等方面给予沿海地区城市优惠政策。因此，工业遗产旅游业的发展以及各个区域独特的文化与教育价值深受大众欢迎。由此可见，京津冀地区未来工业遗产文化旅游业的发展会是一片光明。

2. 旅游价值前景广阔，激发工业遗产城市活力

在全国创建的 10 个以传统老工业基地为依托的工业遗产文化旅游城市当中，有 100 个以工业城镇和创意产业园区为依托的工业遗产文化旅游基地，1000 个以当地企业为依托的工业遗产文化旅游示范点。截至 2018 年 1 月 27 日，京津冀地区共有工业企业 1400 余处，只有 18 个项目入选至中国工业遗产保护名录，而当前开展工业旅游的企业只有 8 个。这一结果与西方发达国家相比，其工业企业的数量与工业旅游开展两者之间的比例相差甚远。伴随着“全域旅游”这一新概念的提出，即各行业之间积极融入，各部门之间齐抓共管，全城居民共同参与到保护工业遗产的行动中来。因此，一些正在发展或尚未发展的工业旅游的企业应结束“景区式”观光游览的发展模式，转而向“全面动员（资源）、全面创新（产品）、全面满足（需求）”的全域工业旅游模式开展，它可作为主导该地区二、三产业发展的桥梁，以及展现重工业城市魅力的重要支撑。这说明，京津冀地区发展工业遗产旅游价值的发展空间巨大。

三、市场需求

党的十九大以来，民众日益增长的美好生活使他们对于自身精神层面的需求越来越多。因此，旅游消费在人民的日常生活中所占比重也越来越大，这也是当今我国发展旅游业的良好开端。根据我国旅游研究院组织专家团队编写并发布的《中国国内旅游发展年度报告 2018》（以下简称《报告》）统计，2018 年我国国内旅游人数达到 55.01 亿人次，同比增长 10%；国内旅游收入达 5.07 亿元，同比增长 11%。

《报告》显示，2010 年我国京津冀地区城镇居民出游以观光游览为目的者占 32.9%，以休闲度假为目的者占 25.0%。2018 年，这两个数据分别为 22.1% 和 30.1%。同理，2010 年我国京津冀地区农村居民出游以观光游览为目的者占 12.2%，以休闲度假为目的者占 6.0%。2018 年，这两个数据分别为 21.8% 和 20.7%。因此，从我国国内旅游市场方面进行分析，京津冀地区出游时其休闲度假的比重正在逐年增加，这也是我国京津冀地区引领市场经济发展的主导特征。所以，应通过多种媒介进行大力宣传来吸引游客来到这里，并让该群体对于城市的记忆产生庞大的工业旅游需求，同时增添具有交互性的休闲娱乐项目，这将使京津冀地区的旅游前景发展广阔。

近年来，京津冀地区工业遗产的保护与再利用取得了巨大成效，但由于其各个地域的工业发展历程不同，其自身作为近现代工业时代发展的历史缩影，具有特殊性与不可再生性。目前，在京津冀三地工业遗产旅游产业的开展过程中，主要集中于以工业遗产博物馆、文化创意产业园区这两种相对传统且各地趋同的旅游开发模式进行，这将会导致该地区产业缺乏自身特色、千篇一律等问题的出现。另外，过度重视相关企业商业价值的开发，在经济效应中会逐步失去工业遗产自身保护与再利用的初衷，严重时会导致工业遗产本体遭到破坏，最终导致工业遗产的文化价值走向边缘化，并趋向功利主义。

四、基本原则

1. 真实性原则

真实性是工业遗产保护与再利用的基本原则，也是当今国际社会公认的首要原则。该原则最早出现于《威尼斯宪章》中，它强调工业遗产应当在其最核心的区域得到充分的保护，并且不能损害其历史完整性或其内在的真实性。它也是能够决定工业遗产旅游发展模式是否能够不断维持其生命活力的重要因素。因此，建筑设计师应该在改造设计工业遗产开发模式环节中，对其进行合理规划，并引起高度重视。

2. 整体性原则

一方面，从区域尺度角度上来讲，由于我国京津冀地区部分工业遗产分布较为零散，因此在开发过程中可将市区内或行政区域的界限打破，根据工业遗产的自身价值以及地理位置就近原则进行合理规划。可将北京、天津、唐山、秦皇岛四座城市的工业遗产根据各类工业遗产地的类型进行改造整合，形成一些主题比较鲜明、内容比较丰富的主题旅游路线。另一方面，在工业遗产旅游业开展营销的过程中，会涉及各式各样的经营主体或是经营范围，因此需要联合当地民众、园区改造规划师、当地政府以及广阔的市场等多个主体来进行有机协调与发展，最终让利益相关者以及利益相关者之间在发展目标、形式以及开发功能方面达成一致，并能够最大化地为工业遗产创造价值。

3. 保护性再利用原则

工业遗产资源具有不可再生性，因此在开发前需要对工业遗产资源进行科学合理的划分，以此来保证其原真性。随后将已经废弃或是还没有被挖掘的工业遗址地进行设计改造，并以此来赋予其新的功能价值属性。例如在欧洲地区和北美洲国家，建筑设计师们往往将工业遗址地改造为以休憩娱乐为主的开放式公共空间，并作为一种全新的富有其自身价值与当地文化特色的旅游景点，并与周边社区民众进行互动体验，在节日庆典时与其相近的社区公园和休闲广场的相关管理人员进行密切沟通，在区域性旅游模式发展的带动下逐渐成为整个城市中尤为重要的景观节点。

4. 适地性原则

京津冀地区工业遗产资源丰富，但要根据其保护程度进行价值评估与判定，其结果是并不是所有的工业遗产都能成为成功改造的设计案例。根据其自身性质与所属地区环境的不同，也并不是所有的工业遗产都能转化成为工业遗产旅游景点。然而，这就需要建筑设计师结合工业遗产本身实际情况以及其特定价值进行综合评估，并根据实地清点、记录、科学评价、分类这四种研究方法进行工业遗产的相关概念梳理，从而准确判断最为适合的工业遗产开发模式和相对应的运营策略来发展工业遗产文化旅游，需要注意的是，要避免工业遗产文化旅游业开发模式过于模式化，形成“墨守成规”的不良局面。

5. 市场性原则

工业遗产旅游业的开展需要以市场为导向进行，并依据市场需求与消费者需求两种因素进行旅游产品开发。设法将京津冀地区打造成国内知名的工业遗产文化旅游示范区，可通过开展旅游业使该地区的整体经济水平得以复苏并能保持不断增长的状态，同时当地政府可采取联合人口密集型社区、大型商业中心区、文化中心等多种多样的区域环境，进而产生一系列的连锁反应，从而促使传统经济产业的转型，也就是第二产业向第三产业的过渡。例如位于美国纽约市的高线高架铁路轨道，设计师们通过对铁路轨道周边的自然环境进行整合，形成绿化带与轨道相结合的自然景观，同时将旧有工业企业改造成为一个可以供人们休闲度假的娱乐场所，它的建成给该企业与当地政府带来了巨大的经济效益，截至 2012 年，纽约高线公园已经接待游客 440 多万人次，并促使周边的居民住宅、酒店、餐厅、文化街区等集聚在这里。

五、发展对策

1. 政府主导下的公众广泛参与

首先，政府应实施对京津冀地区工业遗产整体发展状况的全面普查，并根据实地调查与调查问卷分析法建立完整的遗产资料档案。与此同时，依据德、英两国工业遗产旅游较为发达的地区经验表明，工业遗产旅游开发应当由当地政府进行统一组织管理。例如，德国鲁尔煤管区开发协会中 60% 是市、县政府代表，40% 是企业代表，因此该地区工业旅游产业的多层次发展正是该政府组织推动的结果。因此，在推广我国京津冀地区工业遗产旅游开发的同时也需要政府强力主导，特别是在开发初期，政策性极强，依靠企业自身很难有所作为。其次，在推广工业遗产保护策划的过程中，还可以通过塑造工业旅游品牌文化形象、建立教育培训基地，以及利用社会节庆事件等有效策略对遗产进行保护。例如，德国在针对世界遗产的旅游开发时，将遗产沿线的旅游景点标识统一化，最终形成整体化区域性的工业遗产旅游形象，这一举措不仅能给公众旅游带来多样化的视觉形象，还能加深民众对工业遗产文化旅游的认知，是将工业遗产旅游推广为城市创意旅游的重要手段之一。

2. 采取层级、可持续性更新政策

京津冀地区城区工业遗产旅游空间结构发展的主要因素是由点、线、面三部分组成，其主要内容包括京津冀城市点状空间布局的进一步优化、线状空间布局的优化概念与方法、面状空间布局的完整性与产业结构优化调整。点状空间布局是指要加强北京、天津以及河北省内工业遗产较为密集的城区，主要包括石家庄、唐山、保定、秦皇岛四座城市。而点状空间布局可以加强京津冀地区主要城市中心区域的主导作用，并以此来推动京津冀地区整体城市经济的发展，进一步加强北京首钢数字化产业建设、天津碱厂纪念馆改造建设以及唐山南湖生态城等项目的施工进程，从而实现整个生态城区规划的各项功能，并以此来带动环渤海经济圈的快速发展。

此外，对于河北省工业遗产数量相对较少的城市，应当充分挖掘其自身优势，从而积极融入其所在省份乃至京津冀地区整体城区的建设中来；线状空间布局是指将京津冀地区工业遗址进行线性空间布局优化，并在这一过程中进一步优化相关企业的产业结构布局，重点突出工业产业在社会发展过程中所起到的促进作用，从而推动各城区线性产业带的形成，进一步加强北京市大兴区、天津市滨海新区、唐山市中部平原地区等工业遗产相对密集的区域，从而加大创新型企业以及服务业的发展力度，最终促进京津冀地区服务业与高新技术产业带的形成；同时，进一步加强改善京津冀地区交通现状带的空间布局形态，并推动各城区中心地带和次中心地带交通建设工作的完成，努力加快京张铁路、唐曹铁路的再设计，为早日建设成为新型立体化城市空间体系奠定基础；并计划在未来开通沿海交通，从而加快实现环渤海城际列车的交通网络布局。面状空间布局主要是由点状与线状空间的结合。换句话说，就是在以前两种空间布局优化的基础之上将京津冀地区视为一个整体片区，并结合其优越的区位条件积极发展环海产业，同时利用便捷的交通条件，以及底蕴丰厚的工业化基础与优质的工业旅游资源，将京津冀地区整体打造成集煤矿、轮船制造业、重工业与旅游业于一体的综合城区。

3. 开展区域合作

京津冀地区工业遗产旅游业的发展应突破各城市之间的区域限制，北京、天津虽作为我国北方的政治中心、文化中心以及国际交往中心，但京津冀地区优越的交通环境能在北京、天津、河北省各城市之间进行有效联合；在整合京津冀地区工业遗产旅游资源方面，应当以各企业间受益者或利益相关者相互协调的方式对遗产进行全域性旅游开发。首先，在我国工业化向后工业化时代转变的过程中，会出现大量的近现代时期保留下来的工业遗产，但由于当今社会发展的观念以及城市转型等问题的出现，这些遗留下来的工业遗址并未受到人们的重视，并面临着在未来即将消失的可能性，因此京津冀地区政府相关部门以及专业学者应当建立以近现代工业遗产保护策略为主要导向的科研机构。在对近现代工业遗产进行全面普查的基础上，完善其开展区域合作的科研工作，同时更有利于近现代工业遗产进行文化旅游开发与向后工业时代转型的社会宣传与协作。此外，还应当将近现代工业遗产的价值评判标准与保护思路问题进行详细梳理，最终建立近现代工业遗产旅游标准与区域间进行综合开发的指导思想与监管机制，从而确保工业遗产在保护开发的过程中，各方主体间的协同合作能够与独立个体之间形成相辅相成、互相促进的效果。

4. 多样化的开发及运营模式

通过调查研究发现，京津冀地区各个工业遗产之间存在着很大差异，主要涉及工业遗产的产业类型、历史价值、保留程度、遗址规模、社会定位、未来发展目标等多种层面的详细考究。例如德国鲁尔工业区对独立式工业建筑与群落式工业遗产建筑进行的多样化开发，并在当地获得了良好的保护与认可，还以此带来了经济效益。所以，在我国工业遗产旅游开发与运营模式的建立上，应根据我国京津冀地区近现代工业遗产价值评判体系，摸清其自身情况，并根据其所适应的开发模式进行合理规划，对京津冀地区工业遗产进行区域性整体保护与运营模式管理规划。此外，在小到市区，大到城区的工业遗产之间，应当深度挖掘工业遗产自身特点，并结合周边环境因地制宜地制定与各个工业遗产之间相关的保护性工业旅游开发策略，进行多样化、差异化的旅游开发。同样，工业遗产与其工业企业之间的依附性、知识性、观赏性、无明显季节性、区域聚集性、客源特定性等特点，在经济方面带来了具有直接性或间接性的经济效益，在社会方面能促进产业结构调整、解决当地居民就业问题，以及促进我国工业化文明的进一步传播。通过整体的评价与感受，充分考虑到周边地区的社会文化与自然资源特性，挖掘独特的工业遗产内涵，实现开发模式的完整性与整体性。

5. 吸引社会资金的介入，拓宽融资渠道

对于京津冀地区工业遗产的保护应当进行导向型资金投入。换言之，即政府主导的工业遗产保护是未来旅游发展的源泉，它不仅可以承担对工业遗产保护的责任，还应对相关基础设施和一些具有重要价值、投资金额大且风险高的开发项目有所承担，并将其纳入国民生产与社会发展的规划中来，从而合理分配财政预算。在改善过程中，政府还应充分采纳保护与再利用工业遗产的机遇，广泛吸收各种优惠政策，特别是对一些基础设施建设实行金融优惠与财政补贴等政策，对外开放的同时从而组建多元化的投资与融资体系，最终确保京津冀地区工业遗产保护与管理的资金需求。

文化产业和旅游产业都具有低耗能、高附加值的特点，两大产业已经被定位于国家的战略性支柱产业，各个省市积极响应并坚定推进文化强省旅游大省的建设。与此同时，文旅产业的发展顺应了时代的潮流，在两大产业本着天然关联的基础上，政府在近些年发布的政策极大地稳固了各省市文旅企业进行融合发展的决心，文旅融合也进一步推动了经济的发展。

在推行京津冀协同发展的同时，文化旅游的融合是实现三地共同发展的重要前提之一。文化旅游产业的融合和京津冀协同发展是相互促进的关系，文旅产业融合能够促进三地经济的发展，京津冀协同发展也为文旅融合提供了良好的背景和融合所具备的人力资源和基础设施条件。但三地文化、旅游资源差异较大，文旅融合的形式、程度也有很大不同；并且三地的旅游业和文化业的发展都存在着显著的问题：旅游资源丰富但分布不均、未充分发挥自然资源的优势、大量文物被破坏、相关产业发展缓慢等。在逐渐实现社会主义现代化的时代，实现产业结构的快速转型、升级和调整是关键问题所在，而文化旅游产业融合是解决其问题的重要方法，是建成社会主义现代化的必经之路。

自 2008 年，京津冀开始展开三地旅游协作，近几年在经济快速发展的同时，旅游在群众乃至国家心中的地位逐渐提高。据统计，2018 年京津冀国内旅游人数达到 12.06 亿人，是 2008 年的 3.84 倍；入境旅游人数是 3774.13 万人，是 2008 年的 1.34 倍，国内旅游收入增长了近 5 倍，国外旅游收入增长了 30%，由此看出，国外对我国的旅游产业的贡献较小，国内旅游人数和收入增速很快；与此同时，2018 年京津冀旅行社有 3361 家，比 2008 年增加了 1225 家，增速达到了 57%。最为显著的是，旅游景区在 2018 年共有 778 个，11 年间增加了 388 个，增长了近 1 倍。其中北京增加了 73 个景点，北京以皇家文化遗产著称，比如故宫、颐和园、圆明园、长城、十三陵等，这些都是国内外游客必去的地方，还有天安门广场、人民大会堂，这是北京独有的红色革命遗迹和历史特点，满足了人们丰富的历史情怀，带动着北京旅游业的发展。旅游景区的发展速度进一步展现出自然景区逐渐被人们充分开发，在旅游向好的形势下，人工景区也得到了发展。

在三地中，河北有 11 个市，国内旅游人数、旅行社以及旅游景区数也是最高的，在 2018 年分别为 67287 万人、1391 家和 420 家。河北拥有大量的自然生态资源，比如保定的狼牙山、白石山、白洋淀、野三坡，承德的避暑山庄，秦皇岛的北戴河，邯郸的蜗皇宫，石家庄的赵州桥等等。河北的国内旅游收入达到了 7563 亿元，为京津冀之最，其中保定的自然风景最多，其旅游人数也是河北省中最高的，达到 1898.86 万人。但是河北的旅游景区存在着开发不充分、设备不完善等问题，未能最大限度地发挥其旅游特点，因此还应继续挖掘其潜力。天津的旅游业在河北和北京中就略低一筹了，其在 2018 年的国内旅游人数仅为 22651 万人，旅行社仅有 778 家，旅游景区仅有 104 个，天津的有天津之眼、意式风情区等，多为人造景点，但天津的入境旅游人数比河北省高，这一进步说明了河北多以红色革命景区为主，比如西柏坡等。在住宿业和餐饮业中，北京的企业个数最多，为 2189 家，其次是河北省有 895 家，而天津仅有 569 家，北京所拥有的住宿餐饮业是天津的 3.85 倍，这从侧面反映出天津市旅游产业的发展水平较低。在旅游业从业人数占总从业人员上，北京比重最高，其次是天津，最后是石家庄，石家庄的旅游景区数最多，全年的旅游人数也最多，但是旅游产业的从业人员占从业人数的比重最低，旅游业属于第三产业服务业，若旅游从业人员没有达到一定数量，那么旅游产业达不到某种程度上的服务质量，其旅游业的发展势必无法提高，因此河北省在旅游产业上应扩大就业，积极培养这方面的复合型人才。

第十二章 产业驱动

一、产业发展

2003年以来，我国加快推进文化产业建设，完善相关政策体系。据统计，财政方面：在2018年京津冀的文化市场经营机构营业收入为1581亿元，是2008年的53倍，这表明京津冀文化产业发展迅速，政府政策成效显著。基础建设方面：图书馆提供给社会群众汲取知识的环境，2018年京津冀公共图书馆共有225个，比2008年增加了36个；博物馆共有281个，是2008年的2.4倍，博物馆作为放置和展览文物典藏的机构，也越来越受到群众的欢迎。文化传播方面：艺术表演团体是传播传统文化的主要地点和载体，随着经济水平的提高，中华传统文化的特色更能满足人们精神的需求。2018年京津冀的艺术表演团体机构共有985个，比2008年增加了724个，增长了2.7倍；公共图书馆、博物馆、艺术表演场馆、艺术表演团体的从业人员共有56313人，比2008年增加了32146人，增速为133%，文化产业为人们提供了不少就业机会，降低了失业率。

文化市场经营机构的营业收入，北京＞天津＞河北，该机构主要包括互联网上网服务行业，音像制品批发、零售、出租机构，娱乐场所等。北京和天津的文化市场经营机构数量虽少于河北，但北京和天津的文化市场经营机构的营业收入和所提供的就业岗位均高于河北。文化市场经营机构数量，河北（3314）＞北京（3278）＞天津（2000）；河北的文化市场经营机构最多，其创造的收入却是最少的，提供的就业岗位也最少，揭示了河北文化产业经营机构存在着较为严重的问题。河北省博物馆和图书馆分别比北京多 52 个和 150 个，但河北省博物馆的从业人员却比北京少 400 人，图书馆从业人员也仅比北京多 700 人，体现了河北省对文化产业的重视程度相比较北京、天津较低，也说明了河北省图书馆和博物馆在文化产业中的作用应进一步加强。河北省是华夏文化的发源地，其生态文化、红色文化、民俗文化等应相辅相成，充分发挥其地域优势。河北省有着白洋淀、官厅水库等生态文化，旧址故居、革命纪念地等红色文化，河北梆子、唐山皮影、保定老调等民俗文化，政府应进一步规划营造一个地域文化浓厚的冀域空间。天津市在文化产业的各个指标上均不及河北省和北京市，仅人均文化制造业营业收入较高，为 3717 元 / 人，文化制造业既贴切于生活，又有着一定的文化底蕴，不仅可以满足人们最基本的生活需求，比如文具、娱乐等，也能满足人们的精神文化。在北方城市中，天津具备了较好的地理位置，沿海的特点推动了天津市经济的发展，借此也容纳了西方的文化精髓，这些为京津冀文化发展添加了强有力的一笔，但是天津市的文化产业发展水平较低，并没有在京津冀文化产业的发展中起到带头作用。

二、融合发展

2017 年，我国文化部提出，红色旅游能够促进当地经济、社会、文化的发展。

在政府发布文化产业和旅游产业能够相互促进的政策之后，各个地区相继开始实施文旅融合发展的措施。京津冀在文旅融合方面也做了许多努力，积极制定了促进文旅合作的相应方案。比如：签订合作协议、实施合作项目、成立合作组织以及搭建平台等。并在 2019 年投资创新中国成立国家京剧院文旅融合产业化基地，建设集历史文化、园林景观等于一体的综合性公园。

除政策和投资以外，京津冀的文化和旅游产业在市场、服务网、管理系统和综合执法上也做出了许多的成就。在市场中，提供并完善丰富的政务官网信息，文化和旅游信息互换，强化品牌效应，包括酒店、饭店、景区等；在服务中，完善旅游景区的交通设施，方便游客乘车和换行，保障游客在观看旅游景区的同时享受文化服务；在管理中，规范京津冀文化和旅游产业一体的奖罚制度，加强文旅产业合法、诚信的经营，形成良好的社会氛围；在执法上，采取了公开透明的执法形式，把文旅企业的权利和义务晒在了阳光下，群众享有知情权。

近几年，对京津冀文旅融合的研究也在增加，相关研究显示，京津冀文旅融合的发展还处于初级阶段，北京作为集文化和旅游于一体的首都，无疑是文旅融合发展最强劲的地区，而河北和天津的文旅融合的发展较为缓慢，尤其是河北省的沧州市等地区，因此各地区之间差距较大，这样的现状也不利于京津冀的协同发展，还应在京津冀文旅融合方面继续加大力度。

三、发展驱动力

根据相关研究，下面从产业融合的拉力、推力和支持力三个层面来探究旅游产业与文化产业融合的动力机制。

1. 拉力

拉力包括消费需求和市场供给。消费需求的提高扩大了文化产业和旅游产业的市场互补。随着国家把文化和旅游产业提升至战略性产业的高度，消费者从两大产业中想要得到的需求越来越多，不只是满足于传统的自然风景，也不只是参加单一的文化活动，而是需要文化和旅游的结合所产生的多元化和细分化的产品和服务。比如，以前人们去博物馆是观看文物，而如今参观博物馆是以旅游的形式来提升自我的文化素养，博物馆里有导游讲解文物历史，也有微信扫码形式看解说。文化和旅游的结合体现在生活的方方面面，人们的需求提高了，促进了产业进行转型升级，以更好地满足消费。这些拉动着产业的跨界和融合，也恰是文化产业和旅游产业融合所需要的原生动力。

市场供给提供了“旅游 + 文化”的多元产品体系，这将会促进社会各界对文化产业和旅游产业的投资。同时，市场供给和消费需求是相互促进的，市场所提供的产品吸引了消费者，给了消费者更多美好的体验，形成反馈，从而人们提出了更多的要求，市场为了满足消费者，赚取利润，需要创造出更多的、具有创意性的产品。因此市场供给和消费需求都拉动着文旅产业的进一步融合发展。

2. **推力**

推力包括技术创新和人力资本。技术创新拓展了产业边界，强化文化产业和旅游产业之间的融合。正如融合动力观所认为的，技术创新模糊了文化和旅游产业间的产业界限和内在特点，形成既包含文化产业的特点，又包括旅游产业的特性的新型的产业业态。技术的因素使得文旅产业能够更合理化地、自然而然地融合到一起，其融合的形式更加多元化，也能够创造出新的文旅产业的服务和产品体系，这也进一步激发了人们的消费需求，因此科技创新是两大产业融合发展的一种强大的推动力。

人力资本作为直接参与文旅融合的人员，也发挥着非常重要的作用。文化产业和旅游产业的发展方向、发展方式都取决于顶层的设计，复合型人才是每个行业都需要的，文旅产业也不例外。文旅产业中，服务人员（体力劳动的人员）较多，而高学历的脑力劳动人员较少，文化产业和旅游产业的发展离不开对文旅业有更深层次知识的人才，政府和企业要鼓励让专业能力强的人和素质程度高的人来帮助文旅产业突破瓶颈，实现快速发展。因此，人才资本是文旅融合的潜在推动力。北京市无论是在人才培养还是在福利待遇方面都比天津市和河北省好，在文旅产业中的复合型人才也就相对较多，因此北京旅游产业的开发相对充分，这是北京市文旅产业的融合发展水平较高的原因所在。

3. **支持力**

支持力包括政府规制和基础设施。政府规制作为文旅融合的调控力，调控着产业的门槛。政府所出台的政策和其行为可以为文化和旅游产业的融合创造环境，提供动力支持。2009 年国家发布相关政策，指出文化产业和旅游产业之间发展互相影响，从此各省市在该政策的环境中开始大力扶持和发展文旅产业。同时，政府可以规制主体进入文化和旅游市场，以及对文旅产品进行监管，及时排查文旅市场失灵产生的不良影响，规范两大产业的融合发展的进程。因此政策的发布以及后期的实施都为文旅产业的融合发展提供了一定的保障和支持。

基础设施是出现空间聚集的重要因素，可以解决区域之间的交通问题，促进城市空间结构的改变，从而拓宽了文化和旅游产品的消费空间。基础设施的不完善会造成交通不方便、出行效率低等问题，而京津冀地区内部交通体系的修建，为缩小京津冀三地之间的差距带来了契机，也为旅游产业的发展提供了某种程度上的便捷。基础设施也在一定程度上推动着科技的创新。因此，基础设施在提高可进入性和改善通达性的同时，增强了文旅产业间的关联效应，为两大产业融合提供了现实基础和支持动力。

目前，保定市、张家口市、秦皇岛市以及邯郸市的文旅融合协调度发展速度可观，即在2008年位于中等以上等级的城市共有6个，占京津冀地区的46%，到2018年位于中等以上的城市共有9个，占京津冀地区的69%，但邢台市、廊坊市、衡水市和沧州市这4个城市的文旅融合协调发展程度仍然不乐观，其中衡水市排在最后。整体来说京津冀地区的13个城市均在往好的方向发展，只是原发展好的城市的发展速度较快，原发展差的城市的发展速度较慢，致使差距变大。其中，北部地区文旅融合发展水平较高，南部地区文旅融合发展水平较低，在一定程度上说明了北京对周边城市的发展有较为显著的促进作用，但是石家庄市、保定市以及天津市应该加大对邻边城市衡水市以及沧州市的扶持力度，带动协同发展。

4. 提升消费需求驱动效能

提升居民的消费需求，增加可支配收入，我国文旅产业的融合发展离不开人们消费需求的转变。文化消费能够决定技术创新的发展方向，在当今发展迅速的经济中，只有抓住消费前沿，才能科学准确地制定企业的营销策略。现如今文化产业和旅游产业发展缓慢，在遇到瓶颈期时需要找到突破口，在我国发展产业和经济的关键是扩大内需，以此来激发产业和经济的活力，人们的消费方向是企业发展的指明灯，在哪方面的需求增加，企业则会朝着哪个方向发展。而消费者在购买文化或者旅游产品与服务时，已经不仅仅局限于物质层面，文化精神的需求是现在人们更需要的，文化和旅游业充分满足了可以提供文化精神的特性，因此文化企业和旅游企业应该充分观察和分析消费市场的趋势、特征，以及合理化、最大化地挖掘消费者的需求，比如采用市场调研等方式，只有符合大众需求才能扩大文旅市场供给，优化各个平台的展示以及增加多渠道的供给路径；同时应积极鼓励消费者表现出多元化的需求，了解消费者对文旅产品更多元的诉求，从而设计和研发出可以真正满足消费者精神文化和旅游服务的文旅产品、创造出具有创意性的文旅产品和内容，以此实现并提升产品利用的更多的价值。

对于北京市、天津市以及河北省来说，扩大人们在文化和旅游产业中产品服务方面的消费需求更是迫切。在北京市，文化较旅游相对滞后的现状说明北京应该刺激人们在文化产业中的消费；河北省中旅游较文化相对滞后的现状说明河北应刺激人们在旅游产业方面的消费。而扩大消费需求的另一方面是增加可支配收入的比例，调整税收，合理规划二次分配，让人们真正感觉到有能力去产生更多元的消费；与此同时，政府要承担起在民生和公共领域的公共责任，加强社会保障、稳定就业，在医疗、教育等方面不能完全市场化，落实好政府在这些方面的保底作用，从而实现扩大需求的目标。稳定就业是增加人们可支配收入和提高消费需求的根本措施，稳定的工作和收入可以增加社会的安全感，使减少储蓄，从而提高消费水平，这就要求企业要稳定发展，政府需要帮助和扶持有资金困难和人才缺乏的中小微企业，提升职工的幸福感，增加人们对于未来收入的预期，这样才能够带动人们的消费需求，从而增加对文化和旅游及相关产品和服务的需求，促进文化产业和旅游产业的发展和融合。

5. 加强区域技术创新投入

技术创新能够模糊产业间的边界，从产业间的技术融合到产业内各方面的渗透融合，它使得不同产业之间进行没有缝隙的连接，从而各产业实现协调融合发展。技术创新对文旅产业的融合体现在方方面面，比如资源间的互通共享，产品质量性能、平台的建设优化，以及新业态的组织形式，等等。在技术时代，电子信息、数学技术以及虚拟网络等陆续进入文化和旅游产业的时候，京津冀三地应该更加重视技术创新领域的培养和发展。同时，政府应该加大对文旅产业的科技资金投入，建设并完善专利技术以及转让租赁平台，运用法律来规范知识产权的保护并潜移默化地提高人们保护知识产权的意识，政府还应鼓励和支持小微技术企业的发展，为文旅产业融合发展创建一个良好的技术支持环境。

创新是技术前进的前提，也是文旅产业发展的主要推动力。它在为文化和旅游资源匮乏的地区带来发展动力之余，也丰富了各地区文旅产品。因为，如果产品之间有一定的相似度，就没有足够的市场竞争力，该产品也很容易被取代或者消失在市场中。同时，文化产业和旅游产业方面的转型逐渐迎合了群众的物质和精神的需要，因此，在运用先进的科学技术时，创新是文旅发展中必然需要的因素，京津冀地区要发展文旅产业、要提升其核心竞争力就要重视文旅创意产品的开发，打造自己的品牌。在这个过程中，可以借鉴他省或他国先进的创新、营销、发展模式，根据本地区的实际情况进行合理的融合创新发展，也可以同群众的消费需求相结合，在考虑游客需求的情况下引用各种新技术和新方法，让产品形式得到创新，既有创意又被群众需要，例如天津市的方特和意式风情街、河北省的德明小镇、北京的玉渊潭等，以及使用 VR 等先进的创新技术，让大家体验不同的博物馆、图书馆等。北京作为集政治和经济于一体的城市，其在科技创新方面也更加先进，互联网高科技企业主要集中在北京市，河北省仍以传统工农业为主，发展文化产业和旅游产业的模式较为落后。因此，国家可鼓励企业在河北等地开设技术分公司，进行人才交换，以此使北京带动天津和河北等周边城市的发展，从而促进文旅产业融合。现雄安新区发展迅速，北京逐渐将一些技术、人才以及产业转移至雄安新区，这一举措在一定程度上带动了保定市乃至河北省的发展。

6. 培育复合型人才

人才是公司、社会乃至国家发展的基础，将文化产业和旅游产业进行合理化的、恰当的融合，这一过程需要有知识储备的、有能力的人进行出谋划策和实施。复合型人才是当今社会所青睐的人，这些人才的特征是不仅了解文化产业和旅游产业，而且知道决策、市场等。因此，政府应该积极鼓励大学和社会培养高素质、高能力的人才，扶持发展文旅人才资源的产业园，促进企业以市场需求为目标建立健全职业培训发展体系，在师资培养、专业建设、顶层设计和国际合作等方面取得新的进展，同时培训文旅企业留住人才、发展人才、提升人才的能力，为社会提供文旅专业化人才资源的同时，防止资源外流。

在京津冀地区，人才偏移更为严重，北京市是全国高校聚集的地方，高知识分子人才非常多，高校中也不乏旅游、文化相关专业的学生，因此从文旅融合来看，北京的融合程度也比天津、河北要高。相比北京，河北省的高校则相对较少，而且截至2021年，河北省域内仍然没有“双一流”的高校，在旅游专业和文化专业方面的培养也相对较弱，文旅相关专业毕业的应届毕业生也很难立即在文旅企业中充当关键的角色。因此，在天津、河北等地培养复合型人才就显得非常重要。一些教育培训机构和当地的高校应该在此过程中发挥其重要的作用，比如河北有相对较好的大学：河北大学、华北电力大学、燕山大学、河北经贸大学等，在这些学校开设文化和旅游相关的专业和课程，为当地发展集聚当地人才；也可以邀请国内外的专家或教授在学校或者社会企业开设课程，对学生和就业人员进行理论加实践经验上的教学，使学习的人进行多方面的发展，激发人员的思维能力和创造能力。对于企业来说，可以创建一些文化产业基地、文化产业园等，相关方面的人才可以互相交流经验、学习知识；在制定更为完善的人才引进机制的同时，还要提高对复合型人才的福利待遇，可以适当提供一些深造的机会、提升职位的空间、住房补贴、交通补贴等，解决刚毕业大学生的后顾之忧，让他们更愿意留在这里。除文旅专业人才以外，还应该引进具有管理能力、研发能力以及营销能力的人才，使得文旅企业多维地快速发展，以此来为京津冀文旅产业融合提供更为优质的人力来源和保障，稳定文旅发展。

7. 扩大文旅市场供给

提升群众消费需求是一方面，另一方面也要扩大文旅企业市场的供给能力。京津冀地域相近、文脉相通，在文化和旅游方面有很多相似的地方，因此三地可以打造整体的文旅产品体系和服务，形成规范统一的产业链。北京和河北地区都有着著名的历史文化资源、红色旅游基地，在京津冀已经实现交通一体化的基础上可以设计北京－河北－天津的旅游路线，这将要求旅行社或者爱发旅游小贴士的专业人员设计出三地一起旅游的合理线路，在北京旅游业快速发展的同时，也带动了河北和天津的旅游发展，将河北和天津的一些人物事迹和民俗故事带出省域，文化也得到了发展。

随着旅游文化的发展，可以相应地建立文化与旅游品牌。品牌是一个企业的标志，无论是企业还是国际会议，开始都需要建立起一个品牌效应，这是某一事物的特征，消费者可以通过这个品牌来了解这个企业，因此优秀的品牌不仅可以推动企业的发展，而且还会相应地对产业的发展有一定的促进作用。在 21 世纪，科技在创新、思想在改变，但是文化产业和旅游产业的表现形式仍然非常单一，宣传方式也比较老套，群众获取的渠道大部分拘泥于旅行社、公交站牌等，无法充分地吸引到群众。而品牌效应给企业乃至产业的发展提供了一个契机，文化和旅游企业可以借助互联网的平台进行宣传并且协同发展，建立起以自然旅游资源、文化遗产资源的品牌。现在各个小视频软件冲击着大家的视野，许多网红因此爆火，这种软件的功能在一定程度上提高了消费者对某些事物的认知，同时，文旅企业要抓住这一机会，迎合时代的潮流、群众的喜好，发挥其品牌优势。在建立文旅品牌的同时，也要营造一个良好的品牌氛围，可以通过综艺节目、纪录片宣传、拍小视频等方式创造良好的宣传环境，在宣传的过程中，要突出文旅产业的特点，获取市场的优势，让群众更加地了解文旅、接触文旅、宣传文旅、发展文旅，即在想办法扩大文旅市场的同时，消费者在享受了文旅产品和服务之后，也给了文旅发展一种反馈，反过来也促进了文旅产业的融合发展。

参 考 文 献

[1] 赵琳 . 生态文化视阈下特色小镇景观规划设计研究 [J]. 大众文艺，2020（8）：112-113.

[2] 赵琳，巴玥 . 依托冀域地理特征打造水岸民俗特色小镇研究 [J]. 中国科技论文，2019（10）：1045.

[3] 俞孔坚，庞伟 . 足下文化与野草之美——岐江公园案例 [M]. 北京：中国建筑工业出版社，2003.

[4] 陆地 . 建筑的生与死——历史性建筑再利用研究 [M]. 南京：东南大学出版社，2004.

[5] 黄砂，丁一凡 . 法国和西班牙工业遗产保护实践比较研究初探 [C]// 中国城市规划学会 . 多元与包容—— 2012 中国城市规划年会论文集 . 北京：中国建筑工业出版社，2012：14.

[6] 陆邵明 . 是废墟，还是景观？——城市码头工业区开发与设计研究 [J]. 华中建筑，1999（2）：102-105.

[7] 林兆璋，倪文岩 . 旧建筑的改造再利用 [J]. 建筑学报，2000（1）：45-47.

[8] 李蕾蕾 . 逆工业化与工业遗产旅游开发：德国鲁尔区的实践过程与开发模式 [J]. 世界地理研究，2002（9）：57-63.

[9] 张婿 . 中国产业类建筑改造的分析与研究 [D]. 南京：东南大学，2005.

[10] 俞孔坚，方琬丽 . 中国工业遗产初探 [J]. 建筑学报，2006（8）：12-15.

[11] 刘伯英，李匡 . 首钢工业区工业遗产资源保护与再利用研究 [J]. 建筑创作，2006（9）：36-51.

[12] 刘伯英，李匡 . 北京工业建筑遗产保护与再利用体系研究 [J]. 建筑学报，2010（12）：1-6.
[13] 刘伯英 . 工业建筑遗产保护发展综述 [J]. 建筑学报，2012（1）：12-17.
[14] 夏建，王勇，杨晟 . 基于城市特色的苏州工业遗产保护框架与再利用模式 [J]. 规划师，2015（4）：110-116.
[15] 刘宇 . 后工业时代我国工业建筑遗产保护与再利用策略研究 [D]. 天津：天津大学，2016.
[16] 罗玲玲，陆伟 .POE 研究的国际趋势与引入中国的现实思考 [J]. 建筑学报，2004（8）：82-83.
[17] 郭洋 . 上海创意产业园建成环境的使用后评价研究 [D]. 上海：上海交通大学，2011.
[18] 赵泾钧 . 北京奥林匹克森林公园南园人工湿地园区使用后评价（POE）[D]. 北京：北京交通大学，2014.
[19] 郭昊栩 . 建筑使用后评价及设计模式研究 [M]. 北京：中国建筑工业出版社，2013.
[20] 朱小雷 . 建成环境主观评价方法研究 [M]. 南京：东南大学出版社，2005.
[21] 关于工业遗产的下塔吉尔宪章 [C]// 张松，译 . 国际文化遗产保护文件选编 . 北京：文物出版社，2007：251-252.
[22] 俞孔坚，方琬丽 . 中国工业遗产初探 [J]. 建筑学报，2006（8）：12-15，
[23] 曾锐，于立，李早，等 . 国外工业遗产保护再利用的现状和启示 [J]. 工业建筑，2016，46（2）：1-4.
[24] 贺旺 . 后工业景观浅析 [D]. 北京：清华大学，2004.